本书由江苏省统计应用研究基地资助项目、
江苏大学专著出版基金资助出版

我国
风能资源开发
优化研究

王 健 著

OPTIMIZATION RESEARCH
OF WIND ENERGY
RESOURCE DEVELOPMENT IN CHINA

U0351603

江苏大学出版社
JIANGSU UNIVERSITY PRESS

镇 江

图书在版编目(CIP)数据

我国风能资源开发优化研究/王健著. —镇江：
江苏大学出版社，2015.5
ISBN 978-7-81130-950-8

Ⅰ.①我… Ⅱ.①王… Ⅲ.①风力能源－能源开发－
研究－中国 Ⅳ.①TK81

中国版本图书馆 CIP 数据核字(2015)第 114337 号

我国风能资源开发优化研究
Woguo Fengneng Ziyuan Kaifa Youhua Yanjiu

著　者/王　健
责任编辑/吴昌兴
出版发行/江苏大学出版社
地　址/江苏省镇江市梦溪园巷 30 号(邮编：212003)
电　话/0511-84446464(传真)
网　址/http://press.ujs.edu.cn
排　版/镇江文苑制版印刷有限责任公司
印　刷/丹阳市兴华印刷厂
经　销/江苏省新华书店
开　本/890 mm×1 240 mm　1/32
印　张/6
字　数/204 千字
版　次/2015 年 5 月第 1 版　2015 年 5 月第 1 次印刷
书　号/ISBN 978-7-81130-950-8
定　价/28.00 元

如有印装质量问题请与本社营销部联系(电话：0511-84440882)

前　言

　　全球气候变暖、环境质量恶化、能源耗竭威胁等一系列紧迫的现实问题,促使世界各国不得不高度关注温室气体排放和全球生态保护,发展低碳经济已成为世界范围的共识。风能作为一种无污染、无排放、可再生的清洁能源资源,不仅在电力生产过程中不消耗化石能源、不产生碳排放,而且可以永续利用自然界蕴藏的巨量风能资源,是极具战略价值的新能源资源。与太阳能、生物质能等其他可再生能源相比,风能资源的开发技术最为成熟,是最具商业开发前景的可再生能源资源。

　　近年来,风能资源的开发已经在世界范围呈现出爆发式增长态势。我国风能资源的开发也已经取得显著成效。除装机容量的突破性增长外,还体现在如下多个方面:决策层对风能资源价值的认识进一步深化,不断出台风电发展规划和激励政策;风力发电关键技术取得长足进步,国产风电设备制造企业的竞争力与创新力显著提高;风电市场化进程明显加速,风电产品所占比例进一步提高。

　　我国风电产业还处于规模扩张的初级阶段,还在不断地摸索风电发展规律和适应我国国情的发展模式。风电快速发展的背后,在风电项目选址、投资规模、风电并网、风电场运营、风电价格等多个环节还存在缺陷或隐患。

　　因此,对存在重要缺陷或隐患的风能资源开发环节展开研究,探索风能资源最优化开发,有助于把握风能资源开发各环节的最优解决策略,对于剖析各环节存在的主要问题及其形成原因具有重要作用。本书梳理了风能资源开发的研究进展,分析了我国风能资源开发与风电产业的发展现状;以资源配置、资源规划等理论为指导,理清了风能资源开发的主要环节、相互关系及存在问题;考虑了风能资源开发过程中存在的诸多不确定性,选取风能资源开发的宏观选址、风电项目的最优投资规模、风能资源的最优开发路径等重点环节,研究不确定环境下的最优策略。具体研究内容如下:

(1)研究风能资源储量与电力需求耦合度较差背景下的风电项目最优选址问题。首先,利用 GIS 技术对风能资源分布图和电力消费区域图进行耦合分析,确定风电项目开发价值较大的若干区域。其次,设计较为完整合理的风电项目选址的指标体系,并通过构建层次分析方法(AHP)与投影寻踪评估法(PPE)的组合模型 AHP-PPE 对所确定的若干区域的选址价值进行综合评价。

(2)探讨风速与需求双重随机不确定条件下,风电项目建设的最优投资规模问题。根据风力发电技术公式和多随机不确定性理论,建立了一个以运营期内收益最大化为目标函数,以风电装机规模为决策变量,包含服从 Weibull 分布的风速因素和服从正态分布的电力需求因素的决策模型。运用风险仿真优化软件 RISKOptimizer 对决策模型进行仿真模拟和算法寻优,并对比分析单随机约束因素作用下的仿真结果,探讨不同随机约束因素对仿真结果的灵敏性。

(3)分别从发电量、收益、成本三个方面,研究技术进步、补贴政策和成本控制三种不确定因素对风能资源开发最优路径及其变动的动态影响。首先,利用动态思想处理风能资源开发过程,运用最优控制理论建立风能资源动态开发模型。其次,分别引入不确定变量,构建动态开发模型最优问题的 Hamilton-Jacobi-Bellman 方程。最后,通过对最优路径及其变动的讨论,研究不确定因素的出现对风能资源开发的影响。

目　录

第1章 绪 论

1.1 问题的提出与意义

风能作为一种无污染、可再生的清洁能源资源,是最具战略价值和商业开发前景的新能源资源。在我国政府把发展风电作为改善能源结构和拉动经济增长的政策引导下,近年来我国风电产业呈现出飞跃式发展态势。2000—2014 年,我国风电累计装机容量从 341.6 MW 增长到 114 609 MW,年均增长 51.5%。2014 年,新增风电核准容量 3 600 万 kW,同比增加 600 万 kW;新增风电设备吊装容量 2 335 万 kW,同比增长 45%;2 MW 机型市场占有率同比增长 9%;中国海上风电新增装机 61 台,容量达到 229.3 MW,同比增长 487.9%。2013 年,我国风电累计装机容量稳居世界第一,占世界总装机容量的 28%。

我国风电发展已经取得显著成效:决策层对风能资源价值的认识进一步深化,不断出台风电发展规划和激励政策;风电场的建设数量、装机规模已经实现质的飞跃;风力发电关键技术取得长足进步,国产风电设备制造企业的竞争力与创新力显著提高;风电市场化进程明显加速,风电比重进一步提高。但不可否认,我国风电产业还处于初级阶段,还在不断地摸索风电发展规律和适应我国国情的发展模式,风电快速发展的背后还存在诸多缺陷或隐患。

从大型风电场的区域分布看,呈现出明显的"资源导向型"发展模式。截至 2013 年底,除港澳台地区外,我国共有 31 个省市建设了风电场,其分布主要集中于两类地区:一类是新疆、内蒙古、甘肃、河北张家口等风能资源最富集,但经济相对落后的内陆地区;另一类是江苏、上海、浙江、广东等风能较丰富且经济发达的沿海地区。在实践中,前者虽因风能丰富而具有高的发电效率,但往往不是电力负荷中心,并受限于我国电网的区域结构特征和传输成本,其缓解我国能源紧张的作用相对有限,产业的带动作用也有限;而第二类地区电力需求大,风电对其能源缺口的缓解作用十分明显,加之良好的技术条件和人力资源条件,培育以风电产业为核心的产业集群也极具价值。但因其处于风能次丰富区,受限于资源禀赋和风电技术,尚不能实质性地解决能源净输入地区的能源短缺问题。风能资源与需求市场的逆向分布,最终导致风电产能"过剩"和电力短缺并存的尴尬局面。

从风电场投资行为看,表现出一定的"跑马圈地"特征。由于国家出台了可再生能源"配额制",强制性要求火力发电企业必须拥有一定比例的可再生能源发电装机容量。各大发电企业将风力发电作为一种投资储备,以便更从容地应对"配额制"的要求。但投资主体的投资出发点的变更,改变了风电项目招投标环节的正常秩序。重项目、轻盈利的非理性投资行为,加剧了风电特许权项目招标的恶性竞争。各投资主体相互压价,竞标价格严重偏离成本底线,导致风电项目根本无利可图。这也是全国装机容量突飞猛进与绝大部分风力发电企业亏损或微利状态并存的根本原因。此外,国有大型能源企业可以通过其他发电项目利润补贴风电项目的亏损,但民营企业并不具备这种经济实力和消化能力,加之国有能源企业对风电项目的争夺,这严重抑制了民营企业的投资热情。可再生能源政策与风电招投标政策的不科学性,导致了风电投资的非理性行为,又进一步产生了投资规模不经济、风电投资结构单一等后续问题,严重干扰了风电投资环境,影响了风电产业的正常发展。

　　从风电产业链运转看,存在上游设备生产过热和下游电力并网受限的无序状态。风电发展规划的不断完善和能源企业投资热情的迅速增长,极大地激发了我国风电设备制造企业的生产热情。但风电设备产能盲目扩容,缺乏国家层面的统一规划,在一定程度上已经出现了产能过剩、供过于求的现象,且风机等部分主要设备的工作效率和稳定性与国外先进水平还有较大差距。上游生产企业表现出分布广、上马快、产能大、技术参差不齐等多个特点;下游并网方面,出于电网安全的考虑,现有电网条件与技术无法完全消化如此之大的风电产能。且风电成本过高引发的电价全网分摊问题,又导致电网企业对风电并网的积极性不高,电网建设和并网配额等严重不足。客观与主观等多重因素都造成了风电并网困难,风力发电企业产能闲置等问题。风能资源开发缺乏有序规划,反映到风电产业链上势必出现上下游传导信号的变形与扭曲。风电制造重容量、轻质量,风电场重装机、轻发电,电网企业重火电、轻风电,以及由风电产业链发展不协调而产生的恶性竞争、消极生产等一系列问题,都是风能资源开发无序规划的产物。

　　目前,我国风电发展各环节还存在多种问题,诸如风电项目选址规划及招投标制度缺乏科学性、风电场投资规模不经济、风电并网率低、风电场营利能力差、风电价格缺乏竞争力等问题仍较为严重,且各主要问题存在后向传导和放大效应,导致了风能资源开发的无序、不协调状态,影响了风电产业的长期健康发展,极大地影响了风能资源开发秩序和我国风能资源开发战略的推进。因此,从风能资源开发的各主要环节入手,深入剖析各环节存在的主要问题及其形成原因和对开发战略的影响程度,继而寻求最优解决策略就显得尤为重要。本书重新梳理并科学刻画了我国风能资源开发过程各环节存在的主要问题,从理论上探讨了这些主要问题的解决策略,获得了可行的最优路径。这为解决我国风能资源开发过程中切实存在的现实问题,提供了解决思路和可行措施;对我国风电产业的最优规划和良性发展,具有十分重要的推动作用;对做大做强风电产业,真正发挥其综合效益和示范效应,为制订其他可再生能源产业的开发战略,具有重要的借鉴作用;对我国风能资源的长期开发战略和低碳经济发展模式的实现,具有十分重要的理论价值和战略意义。

1.2　国内外相关研究综述

国内外学者已经从多个角度对风能资源的开发进行了深入的研究,形成了丰富的研究成果。归纳起来看,大致可以分为四部分内容:风能资源评估与开发、风电产业发展与非并网风电、风电成本与风电价格、风电发展障碍与发展机遇。

1.2.1　风能资源评估与开发

虽然全球大部分区域风能资源储量丰富,但实际风能资源开发还依赖诸多实地因素[1],因此对风能资源储量和实地风况特征进行评估,详细掌握风能资源分布,对于确定风电项目选址、有效开发风能资源具有十分重要的实际意义。

Semprevira 等[2](2008)将风能资源评估分为两个阶段:在区域尺度评估风能资源以确定有希望的风电场地址;特别评估选址的风力气候和垂直风力扰动,并根据气候不稳定性评估历史数据和未来可能的变化。

Gustavson[3](1979)估算全球风能资源总储量上限为 1.3×10^{14} W。薛桁等[4](2001)估算我国 10 m 高度层的陆上风能资源总储量为 32.26×10^{11} W,实际可开发量为 2.53×10^{11} W,并首次完整细致地表明各省的风能资源储量。

Singh 等[5](2006)综述了预测风速和评估风能资源的技术,认为在 30～50 m 高度测量风速能更准确地评估风机出力,而目前主要通过测量 10 m 或者 20 m 高度的风速来推断 30～50 m 高度的风速。

　　Lackner 等研究了风能资源评估过程中的不确定性问题,提出了更为准确和客观的方法来应对评估潜在风能资源评估过程中不确定性[6,7]。他还运用测算相关预测(MCP)方法进行风能选址评估,实践表明该方法与常规标准方法相比,能够提高短期预测值的精度并降低不确定性,是更为有效的风能资源评估方法[8]。

　　李自应等[9](1998)运用双参数威布尔分布拟合了云南风能可开发地区的风速分布模型,并利用云南自记风速资料估计了风能特征值,较为准确地估计了云南各地风速的威布尔分布参数。

　　Weisser[10](2003)认为运用双参数威布尔分布模型估计风能资源时,仅利用日均或季均风速数据忽略了昼夜间风速巨大变化的概率。而忽视日变风模式会导致严重高估或低估潜在风能资源储量。

　　吴丰林、方创琳[11](2009)估算了中国风能资源实际开发储量单位小时的原煤当量价值、原油当量价值和电力当量价值,构建了包括能源指标、风能禀赋指标和其他指标的中国风能资源开发阶段划分的指标体系,通过构建风能开发利用阶段划分的概念函数,将中国风能资源开发利用阶段划分为优化增长、快速发展、缓慢增长和初始发展 4 个阶段。

　　杨振斌等[12](2004)改进了北京大学准静力模式,研究了复杂地形下的风能资源评估,探讨了数值模拟在风能资源评估中的应用,为山区的风能资源评估和进行风电场建设提供了很好的借鉴依据。

　　李艳等[13](2007)利用全国 186 个地面站 40 年的常规风速观测资料,研究了区域内年平均风速趋势,又通过对逐年的平均风能密度做 REOF 分解,提取了具有不同风能变化形态的 7 个显著区域,探讨了风能资源的时空气候变化特征,对我国风能产业的发展规划具有重要的理论和实际意义。

　　江东、王建华[14](2004)运用空间信息技术的支撑,讨论了沿海地区风能资源的评价问题,重点阐述了风场要素反演的基本方法和校验手段,优化了风能资源的评价方法。

黄世成等[15](2007)根据第一次和第二次风能资源普查结果的巨大差异,重新估算了江苏风能资源状况,并将江苏风能资源划分为丰富区、较丰富区、可利用区和贫乏区。

龚强等[16](2008)利用辽宁省53个气象站和22个风电场的风能数据,对辽宁风能资源的时空分布进行了分析,并将全省划分为丰富区、较丰富区、一般区和较小区4个区域,其中,风能资源比较丰富的地区主要集中在环辽东湾和黄海北岸的沿海地带、42°N线附近及其以北的辽北丘陵地区以及辽东辽西一些海拔较高的丘陵山地,适合风能资源的大规模开发利用。

吴丰林等[17](2008)分析了环渤海地区风能资源的空间分布特征,对其开发利用价值进行评估,并对环渤海地区风电场选址和大规模非并网风电产业基地建设布局适宜程度进行分级评价,将风电产业基地布局的适应性分为高度适宜区、较高适宜区、中等适宜区、较低适宜区和低度适宜区,探讨了环渤海地区建设 $1\,850\times10^4\,kW$ 风电产业发展目标和风电场选址方案。

Ciaccia等[18](2010)研究了风电场选址的环境质量问题。Ladenburg[19](2009)认为陆地风电场选址难度越来越大与环境成本有关,在综述多篇不同风电场选址偏好的文献后发现,多个国家均对离岸风力发电表现出强烈的偏好。但他们也认为离岸风电能明显降低环境成本的同时,其潜在环境成本可能高于陆地风电场。

Herbert等[20](2007)综述了风能资源评估模型和风电场选址模型,并讨论了现有评估模型的效果和可靠性的差异。

Gaudiosi对欧洲离岸风力发电状况和前景进行了深入研究,认为离岸风力发电是应对有限土地资源约束、加快风能资源开发的重要举措[21-23]。

Alboyaci等[24](2008)研究了土耳其风能资源开发对电力结

构重构的贡献,并认为风能资源开发即将进入快速发展阶段。

Wang 等[25](2009)研究了中国离岸风力发电的关键技术,认为大规模利用低成本风能资源,其关键在于解决大规模离岸风电开发和高性能风机技术。

Lewis[26](2008)从风速和电力节点边际价格(LMP)的关系讨论了风能资源的开发问题,将 10 m 高度逐时平均风速数据和电价数据结合,研究了逐时节点边际价格方法,认为高节点边际价格表示电力系统不足,可以加大风电开发以补偿电力系统。结合 GIS 技术,运用该方法可以识别节点边际价格在何时何处出现峰值,以促使更多风电开发,实现风电价值最大化。

Toke 等[27](2008)构建了包含规划系统、金融支持机制、土地保护机制、风电场所有制模式在内的指标体系,研究了不同国家风能资源开发计划执行效果的不同结果和内在关系。

张文佳、张永战[28](2007)对比了中国和英国风电的时空分布特征和发展趋势,根据英国风电发展经验,将中国风电发展划分为试验性发展、规模发展、过渡发展 3 个阶段,预测中国风电发展将实现由集中走向高密度集中分布的快速增长。

张蕾[29](2008)分析了东北地区风能资源储量、开发利用价值、开发利用现状与存在问题,并在此基础上提出了风能资源开发与风电产业发展目标与对策。该研究发现东北地区风能资源开发利用价值大,风电产业发展迅速,但风能资源与风电产业匹配程度低,风电场建设规模普遍偏小,规划目标偏低,大型风机国产化程度低。

1.2.2 风电产业发展与非并网风电

风速的不稳定性和不可预测性,导致了风电出力的波动性和不可控性。电力系统的运行成本、电力质量、电力平衡,电力系统动态性和电力传输等因素对风电并网提出了技术挑战[30],其电压、相位、频率、峰值均会对电网形成污染。有研究表明:风电比例低于 5%时,对电力系统运行成本的影响较低[30]。

非并网风电是解决风能资源利用和电网安全的重要发展方向。顾为东[31, 32]对非并网风电进行了深入研究,其研究方向主要集中在区域非并网风电开发价值和非并网风电与高耗能产业联动发展两个方面。

非并网风电产业体系是以风能富集区的大规模风电场建设和运营为重点,涵盖其前向关联度大的风电设备零部件研发和制造、风机组装、电控系统等产业,后向关联度大的有色金属冶金、盐化工、大规模海水淡化、规模化制氢制氧等高耗能产业,以及侧向关联度大的风机运营维护、风电场观光旅游、风电项目投融资管理、金融保险等产业[33]。

李茂勋[34](2008)在对中部地区风能资源储量、开发利用价值、开发利用现状与存在问题分析的基础上,提出了风能资源开发与非并网风电产业发展的目标与对策。预测到 2020 年中部地区风电装机容量将达到 $432 \times 10^4 \, kW$,其中非并网风电为 $173 \times 10^4 \, kW$ 的发展目标,并选出了中部地区风电产业发展的重点区域,建立了省级非并网风电产业集聚区。

刘海燕等[35](2008)分析评估了西北地区风能资源开发利用价值,找出了西北地区风电产业发展现状与存在问题,提出了西北地区风能资源开发与大规模并网及非并网风电发展目标,并根据规划风电场址整合出北疆和甘肃酒泉 2 个国家级非并网风电与高耗能无碳型产业基地。

吴丰林等[17](2008)在探讨环渤海地区风电产业发展目标、风电场选址方案和相应实现的节能减排目标的基础上,提出了建设环渤海地区大规模非并网风电产业基地与高耗能无碳型产业基地的设想,并提出非并网风电产业基地布局以及相关非并网风电发展政策。

祁巍锋[36](2008)分析了长江三角洲地区的风能资源及其空间分布和沿海风电开发建设条件,讨论了该区非并网风电开发现状及存在问题,提出了长江三角洲地区风能资源开发的原则、建

设超过 $1\,000\times10^4\,kW$ 非并网风电基地的发展目标和相应实现的节能减排与经济效益目标,并针对每个产业基地提出了相应的非并网风电产业布局思路。

顾为东等[37](2009)研究了利用长三角浅海辐射沙洲开发风能资源,建设"绿色能源之都"的战略构想,提出了大规模非并网风电与高耗能负载相结合的新路径,建设若干"无碳型"高耗能绿色重化工产业,实现"高碳能源向无碳能源"的跨越。

鲍超、方创琳[38](2008)论证了珠江三角洲地区大规模并网与非并网风电产业发展的优势与机遇,规划将珠江三角洲地区建设成为国家级大规模并网与非并网风电产业基地和高耗能无碳型产业基地,建成国家级风电设备制造中心、千万千瓦级东西两翼风力发电基地和沿海高耗能无碳型产业带,形成"一心两翼一带"的大风电产业布局。

张蔷[39](2008)根据新疆风电产业面临的经济发展水平较低、风电产业发展政策不到位、风电成本偏高、风电上网技术等瓶颈,提出了推动新疆大规模非并网风电产业与高能耗产业的协调发展的思路,研究表明,这样既可以提高产品的竞争力,又可以避免风电并网对电网的冲击,解决制约风电产业发展的技术瓶颈问题。

方创琳[40](2008)分析了快速城市化背景下我国风能资源与风电基地建设的空间布局格局,提出了我国风能资源开发与风电基地布局的"入"字形空间模式,并采用 GIS 技术选出与大规模非并网风电紧密相关的七大无碳型高耗能产业基地,提出了大规模风电开发"七点两轴"的点轴空间模式,以及综合型高耗能无碳产业基地重点发展电解铝工业、氯碱化工产业和海水淡化制氢产业的设想。

蔺雪芹、方创琳[41](2008)确定了我国大规模非并网风电产业基地空间布局概率图谱,并与 2020 年我国氯碱产业空间布局进行叠加,研究了 2020 年我国基于大型非并网风电场建设的无

碳型高耗能氯碱产业空间布局框架,预测到 2020 年我国将形成
九大无碳型高耗能氯碱化工产业基地。

李铭等[42](2008)探讨了我国发展大规模非并网风电的产业
基础与技术可行性,以及利用风能进行海水淡化制氢的经济可行
性和技术可行性,提出了"非并网风电——海水淡化制氢"产业链
合模式,预测到 2020 年我国将形成四大海水淡化制氢产业基地
的建设格局。

刘晓丽、黄金川[43](2008)分析了风电场以及有色冶金产业
布局的影响因素,建立了风电产业布局研究的基本框架,并以省
域尺度为例,探讨了风电场与有色冶金产业基地的链合布局,预
测中国电解铝工业布局将随着风电场的建设脱离原料富集的内
地地区,逐步向风能资源富集的沿海地区转移。

张旭梅、张秀洲[44](2014)提出了一种基于风电行业服务联
盟的风电设备产品后市场服务模式,并从制定服务增强的发展战
略增强服务意识、提高风电设备产品后市场信息化水平、构建完
善的风电设备产品后市场服务体系 3 个方面,提出了风电设备整
机制造商提高产品后市场服务能力的策略。

1.2.3 风电成本与风电价格

Narayana[45](2008)认为风电成本高度取决于风电场的选
址,不同区位的风电场的电价成本有明显差异。

Berry[46](2005)分析了天然气常规发电的边际成本以及风电
开发成本、并网成本、传输成本、价值量、环境收益后,发现风电可
以克服天然气价格波动和上涨的缺陷,作为其廉价替代能源提供
电力。Berry[47](2009)进一步研究了技术进步和其他因素对风电
价格的影响,发现大容量风机和大规模风电场促进了风电合约价
格的下降。但随着建设成本上升,风机容量和合约电价的内在关
系开始淡化。

Bolinger 等[48](2009)认为风电市场的快速发展是一柄双刃
剑,不仅造成了风电设备供需不平衡,而且材料成本的上涨加大

了风电成本和风电价格的压力。虽然设备成本的降低和风机容量系数的改进是缓解成本上行压力的重要因素,但更应认识到持续的资金支持对于维系风电产业发展空间的重要性。

Ibenholt[49](2002)比较了丹麦、德国和英国的风电成本学习曲线,发现旨在增强竞争力的风电政策可能导致风电成本大幅下降,但也有可能阻碍风电项目的推广。虽然目前风电成本下降不多,但现行电价体系保证了给予发电商的价格基数,对于建立稳定的市场条件和增加装机容量具有重要作用。

Gonzalo 等[50](2008)认为虽然可再生能源发电的私人成本要高于传统能源发电成本,但考虑社会成本和环境成本则要低许多。他研究了西班牙风电项目后发现,风电并网后的电价总成本的减少量大于可再生能源支持项目增加的成本,因此零售电价的净下降有益于电力消费者。

van Kooten 等[51](2010)在国家电网不稳定的假设下,研究了接入不稳定国家电网的小型电网随机模拟模型,发现风力发电能降低电价总成本的 5.5%～17.5%,在风速间断的情况下仍有显著的经济效益。

Morthorst[52](2003)研究了丹麦电力现货市场上风电的短期表现,发现自由电力市场存在短期内风电生产越多导致相对较低现货价格的大致趋势,管制市场存在风电生产越多越需要减量调节、风电生产越少越需要增量调节的更为明确的内在关系。

孙涛等[53](2003)统计分析了我国风电机组设备费用和风电场建设投资,剖析了我国风电场投资构成情况,总结出了我国风电场建设投资高的主要原因是进口机组占统治地位,单个风电场规模过小,布局分散。

郑照宁、刘德顺[54](2004)利用 GM(1,1)模型和学习曲线模型,研究了中国风电投资变化的趋势,比较在资金有约束和无约束情景下风电投资成本的变化,结果表明:资金无约束时,2015年风电将进入大规模商业化发展阶段;资金有约束时,风电商业化至少要推迟 5 年。

沈又幸、范艳霞[55]（2009）分析了风电场资源条件、风机特性、初始投资及贷款利率等主要因素对风电成本的影响,应用单因素敏感性分析方法,建立了风电动态成本计算模型,结果表明影响风电动态成本的最敏感因素是风速和风机造价,风机特性也是决定风电成本的关键因素。

何寅昊、赵媛[56]（2008）分析了我国现行风电定价方式,对国外 4 种常见风电定价制度（固定电价制度、招标电价制度、配额电价制度、绿色电价制度）的特点和利弊进行了比较,通过借鉴国外定价方式并结合我国国情,提出了我国的风电定价建议。

王正明、路正南对风电成本构成与运行价值的技术经济进行分析后发现,由于目前风电设备价格较高而风电价格偏低,风电投资的经济性并不明显,但长期改善的空间很大[57]。由于节能和减排的贡献,风电项目运行的经济性要明显优于风电投资,越是在发展初期其价值就越明显[58]。针对风电上网价格过高,完善风电价格形成机制的关键是把握常规电力外部成本内部化[59]。

崔金栋、鲍峰[60]（2014）研究了风电产业链上下游对风电价格形成的影响,认为风电设备生产商、技术提供商、风电基建商和融资商等组成的风电产业链上游,在风电定价中占到总价格的80％以上;而包括风电上网费用和电能市场需求因素的风电产业链下游,电能市场需求因素具有较大的不确定性。

1.2.4 风电发展障碍与发展机遇

虽然风电的全球市场比其他任何可再生能源的发展速度都快[61],但风电发展过程也面临着诸如风电技术[62-65]、公众态度[66-68]、政策设计[69]、野生动物保护[70-72]等许多挑战和障碍。

Söderholm 等[73]（2007）评估了瑞典风电投资的经济性,发现瑞典风电发展的主要消极因素包括:政策缺乏稳定性、当地公众批评、评估风电场环境影响的法律条款和选址规划程序等。

Agterbosch 等[74,75]研究了风电场规划过程中的社会条件和体制条件的相对重要性,认为缺乏当地的社会认可度是影响风电场发展的重要制约因素,而风电场运营者对待主流体制结构的方式则反映了其社会认可度和执行度。

Montes 等[76](2007)研究了西班牙风电发展的风险和收益后发现,风电发展目标的实现显著依赖于银行融资数量和意愿的持续性,风电投资的内在风险是影响风电短期融资和长期发展的实际障碍。

丹麦长期保护性电价(feed-in tariffs)政策有力促进了风电迅速发展,但电力市场自由化改革之后,风电投资便急剧减少。Munksgaard 等[77](2008)研究了匹配自由化电力市场的风电政策的设计过程,并估计了新税率对电价的影响,认为新税率政策是电力市场改革后风电装机容量衰退的重要原因。

杜谦、郗小林[78](2001)认为风机国产化步伐和技术创新能力进步缓慢主要是缺乏市场和竞争所致,而追溯其主要原因则是制度缺陷,并在此基础上提出加速我国风电产业的发展、改革和创新管理体制的政策建议。

康传明等[79](2006)认为风电产业中存在的两个问题是:大型进口风力发电机组因不适合我国风力资源,不一定能全功率工作;国产小型风力发电机组为数众多,但是效率低。针对导致风电高成本的这两种情况,他还分析了大型机组的混合发电模式和小型机组的叶轮总体设计规律。

Peidong 等[80](2009)认为中国可再生能源发展政策的缺陷在于政策缺乏协调性和连贯性、激励机制的缺陷和不完全、区域政策缺乏创新、可再生能源项目资金不足和可再生能源的研发投资不足。

Lema 等[81](2007)从中国风能政策的角度,把中国风能发展分为 3 个阶段:第一阶段(1986—1993 年),风能发展非常缓慢,并且风能政策没有连贯性;第二阶段(1994—1999 年),能源部门开始论证风能战略,并且实施了一系列导致风能产出低下的前后矛盾的政策;协调发展阶段(2000—2006年),制定了连贯的可再生能源发展规划并成立了风能管理政策机构,通过协调市场管理和激励促使了中国风能产业的迅速发展及成本控制。Lema 等[82](2006)研究发现,中国电力工业部在 1985—1996 年间选择了"快车道"发展模式,即不考虑国内制造业发展而在短期内通过进口风能设备迅速发展风电产业。与此同时,国家发改委又在 20 世纪 90 年代末开始转向"慢车道"发展模式,即通过直接和间接的政策扶持国内制造业吸收转化国外先进的风机制造技术。政策上的混乱和不协调,导致风能发展并未有质的突破和飞跃。21世纪初,国家发改委能源局制定了一系列产业发展政策,采纳了"慢车道"发展模式,风电发展取得了一定的进步。他们认为,"快车道"发展模式的失败不仅因为当时薄弱的风力结构条件,更因为没有改变风机价格结构。"慢车道"战略的成功,还为风电产业的长期发展打下了基础,并减少了温室气体的排放。

Yang 等[83](2010)则认为中国电力市场管制的不确定性和能源政策框架的不确定性的风险来自于清洁发展机制(CDM)的不确定性收益,阻碍了国外投资者投资中国风电项目。

刘景溪[84](2008)认为,制约我国风电产业快速发展的主要因素有:电网整体规划和建设速度滞后于风电建设步伐,风电成本和上网价格偏高,风电生产缺乏优惠信贷政策支持,风电设备国产化水平低,风电生产企业的税收负担过重,风电生产相关产业的税收优惠不明显,现行财政分配体制限制地方发展风电的积极性。

张伯勇等[85](2006)认为中国风电项目开发的主要障碍在于投资不足和融资风险相对较高,风电发展过程中又普遍面临着单位发电投资成本和上网电价偏高的障碍。

张文琨、喻炜[86](2014)运用 STA-LSSVM 模型,预测了我国风电生产供给与风电并网需求的发展趋势,发现需求缺口将愈来愈大,风电消纳远远滞后于风电生产,风电产能"相对过剩"的局面将更加严重。

黄栋、吴宸雨[87](2014)以"源创新"为视角分析了我国风电发展中存在的主要问题,提出了确立风电新价值理念、创新风电利用方式、建立两面市场、建立创新生态系统等促进我国风电产业健康发展的措施。

1.2.5 研究趋势与评述

我国风能资源开发的持续深入,引起了许多国内外学者专家的跟进研究。从研究内容上看,可以分为:风电设备制造技术、风力发电技术、风电并网技术等方面的硬科学研究;风能资源价值、开发战略、风电价格、风电政策、风电产业、发展障碍与机遇等方面的软科学研究。风电软科学研究方面,风能评估更注重运用现代分析技术研究不同高度和复杂地形的风能资源储量;风电开发方面表现出陆基大型风力发电和近海风力发电两大研究方向;风电利用方面表现出完善政策以促进风电并网、非并网风电与高耗能产业耦合发展两大研究方向;风电发展方面表现出横向国际经验比照、纵向发展经验总结、内在规律挖掘、外在联动价格机制相结合的研究趋势。可以说,关于风能的研究已经呈现出先进技术运用、多个方位分解、多种视角剖析、多重维度综合等特点。但现有文献还鲜见将多个重要因素归至风能资源开发战略的框架内,并以风能资源开发的合理选址与产能规划为核心,进一步研究前后径向的传导协同作用,达到整个风电产业链的健康协同发展与风能资源开发价值最大化的目标。

1.3 研究思路

风能资源的开发是涉及自然资源禀赋、地理环境条件、社会发展需求、经济发展速度、风电技术进步等多个领域的复杂系统工程。任一相关因素的现状及其发展变化,都会显著影响风能资源的开发效果。风能资源的评估,将决定该区域是否具备开发风能资源的条件;该区域的社会经济发展对电力的需求状况,以及现有电力供应状况,将影响该区域是否适合开发风能资源以补充电力;该区域的环境条件将影响风能资源开发的选址,选址的确定又将影响风能资源的开发效率和效果,进而影响风电场的盈利能力和可持续发展。

从横向角度来看,风能资源开发受多种因素的影响。从纵向角度来看,风能资源的开发可以划分为评估、选址、开发、运营等多个环节,且各环节都要受到不同因素的综合影响。因此,要研究风能资源的最优化开发,不能笼统地从某一方面展开,应选择几个重要环节或者存在严重问题的环节展开。又因为风能资源的开发属于灵活性较差的大型投资项目,一旦开始投资建设,其调整成本巨大,且每一个环节都将显著影响后续环节,因此,风能资源开发的前期环节对整个风能资源的开发战略具有极其重要的关键作用。

鉴于上述思路,本书的研究选择风能资源开发的宏观选址、风电项目的投资规模、风能资源开发的路径变动等 3 个重要环节,从 3 个方面研究我国风能资源的最优化开发问题。

此外,影响风能资源开发的因素,大都具有不确定性特征。① 风力发电要"看风发电"。风力的不稳定、难以精确预测是最为明显的不确定因素,也是制约风力发电大规模投产的重要原因。② 风力发电还要"看需发电"。电力市场动态、自然气候变化等是最主要、最明显的影响电力需求的因素,风电机组的运行要根据电力市场和自然气候的不确定变化进行实时调整。③ 风力发电还要"看人发电"。目前我国电力市场已经实现了主管部门、发电部门、输电部门、用电部门的分开,但也使得处于中间位置的风力发电更容易受到其他上下环节部门的影响。风电政策的不连续、扶持力度的不平稳、电网接纳的不积极、电力用户的不认可都是风力发电不得不面对的不确定因素。因此,对于风能资源开发而言,最不容回避的问题是不确定环境下风能资源的最优开发问题。

鉴于风能资源开发过程中存在多个影响因素的综合作用,以及各开发环节存在多种不确定因素,本书对所选择的环节进行研究时,考虑引入不确定性和多个影响因素的约束。

在风能资源开发的宏观选址环节,引入了资源禀赋与电力需求的双重约束;在风电项目最优投资规模环节,引入了不确定风速与不确定电力需求的双重约束;在风能资源最优开发路径及其变动环节,分别从发电量、利润、成本 3 个方面引入了技术进步出现的不确定性、补贴政策出台的不确定性和成本控制实施的不确定性。本书通过构建涉及不确定因素与多重变量约束的开发模型,力争使理论模型更能体现风能资源开发过程的实际问题,从而使得求出的最优解更能对解决风能资源开发起指导性作用。

1.4　研究内容与创新点

1.4.1　主要研究内容

本书的研究共分 7 章,主要研究内容如下:

第 1 章,绪论。本章主要阐述了我国风能资源开发的总体现状,并指出了其中存在的主要问题,从而引出了本书的研究话题,论述了本书的研究意义,并对该领域国内外研究进展进行了综述,在前人的研究基础上提出了本书的研究思路,对全书的主要研究内容、创新点、关键问题、技术路线等进行了纲领性概述。

第 2 章,相关理论基础。本章对研究所用到的相关理论进行归纳梳理,对与风能资源开发主线对应的资源耗竭理论、资源替代理论、资源配置理论以及资源规划理论等相关理论基础进行总结,为后续研究夯实理论基础。

第 3 章,风能资源开发与风电产业发展现状。本章对国内外风能资源的开发以及风电产业的发展现状进行详细地分析、对比,剖析我国风能资源的开发水平、发展速度等总体状况,以及风电项目布局、风电投资情况、风电场运营情况等主要环节的现状，分析各环节的发展态势及存在的问题，为后续研究奠定现实基础。

第4章，风能资源开发的最优宏观选址研究。针对风能资源开发过程中风能资源禀赋与电力需求耦合度较差的现实，考虑发电效率与用电效率对风电项目选址的双重约束。利用 GIS 技术对风能资源分布图和电力消费区域图进行耦合分析，确定风电项目开发价值较大的若干区域；从风能资源禀赋、电力需求、电网条件、研发及制造支撑条件、激励因素等方面构建较为完整全面的风电项目选址的指标体系；运用主观性较强的层次分析方法（AHP）与客观性较强的投影寻踪评估法（PPE），构建 AHP-PPE 加权综合评价模型，对风能资源开发的选址进行评价，从而确定最优的宏观选址区域。

第5章，双重随机约束下风电项目最优投资规模及收益研究。考虑发电端和用电端多种随机因素对风能资源开发的扰动，研究风速随机和需求随机对最优投资规模及其收益的影响。首先，建立包含风速随机和电力需求随机因素的风电项目最优投资模型，确立随机因素的分布特征；其次，运用 RiskOptimizer 软件对最优投资模型进行蒙特卡洛采样仿真，研究双重随机下的风电项目最优投资规模及收益，并对比分析单随机约束因素作用下的仿真结果；最终，确定不同风速分布和电力需求分布状态下的风电项目最优投资规模与收益。

第6章，不确定性条件下风能资源最优开发路径及其变动研究。鉴于风能资源开发过程中存在风况、技术、政策、需求等多种不确定因素，分别从发电量、利润、成本3个方面研究技术进步、补贴政策和成本控制不确定因素对风能资源开发的影响。首先，利用动态思想处理风能资源开发过程，运用最优控制理论建立风能资源动态开发模型；然后，引入随机变量构建动态开发模型最优问题的 Hamilton-Jacobi-Bellman 方程；最后，通过对最优路径的讨论,研究不确定因素的出现对风能资源开发的影响。

第 7 章,结论与展望。对前文的研究结论进行更进一步的归纳与提炼,直接指出我国风能资源开发需要注意的相关因素,并从拓宽研究视野和挖掘研究深度两个角度,对本主题下一阶段的研究作出展望与规划。

1.4.2　关键问题及解决方案

(1) 层次分析方法(AHP)与投影寻踪模型(PPE)组合评价的实现及效果。首先,对风能资源开发区域中心的选择建立较为全面、科学的指标体系,为后续综合评价提供坚实基础;其次,选择国家电网公司、能源研究所、风电设备制造企业等相关单位的专家进行主观评价;再次,编写投影寻踪模型核心算法,并利用Matlab 对相关指标数据进行客观计算;最后,确定 AHP 和 PPE之间的权重,使得最终评价结果体现客观、可行、科学等优点。

(2) 双重随机约束下的风电项目最优投资规模的求解及计算复杂性问题。因为风速随机与电力需求随机服从不同的分布函数,且不具有齐次性,对基于最优控制理论建立的目标泛函进行推导求解又可能带来维数灾难,故考虑通过计算机仿真进行求解。运用风险决策软件 RISKOptimizer 软件进行模型构建与变量设定,并运用蒙特卡洛采样进行仿真计算,获得风电项目的最优投资规模与收益。

(3) 考量技术、政策和扩容的不确定性,并将其作为随机变量引入风能资源开发最优动态控制模型的问题。假定技术进步、补贴政策和成本控制为一次变动,即假定在一段时间内,上述因素的变动只发生一次(符合实际情况),则发生时间将整个目标期分成两个阶段,并将因素变动发生时间视为随机变量,从而目标函数为因素变动发生前后两个阶段的目标函数之和。

1.5 技术路线图

本书的研究内容主线、研究内容的结构及其相应的解决手段如图 1-1 所示。

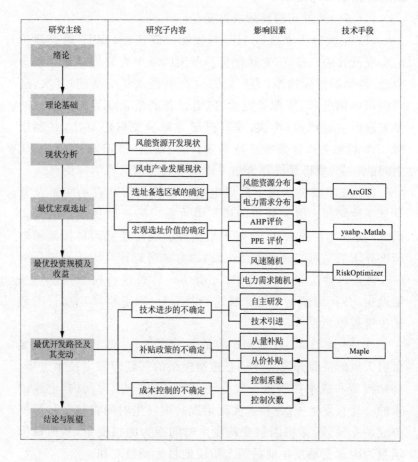

图 1-1 技术路线图

第 2 章　相关理论基础

自然资源是指自然界中能被人类用于生产和生活的物质和能量的总称,如水资源、土地资源、矿产资源、森林资源、野生动物资源、气候资源和海洋资源等。按照资源是否可以再生,可将自然资源划分为耗竭资源和可再生资源。其中,耗竭资源是在地球长期演化历史过程中,在一定阶段、一定地区、一定条件下,经历漫长的地质时期缓慢形成的,其再生速度很慢,或几乎无法再生。人类对耗竭资源的开发和利用,会导致其储量迅速单调递减,从而面临资源耗竭、资源短缺、环境破坏、发展受限等一系列资源、环境、经济、社会问题。也正因为如此,国内外学者对资源耗竭、资源替代、资源配置、资源规划等方面的研究也更深入、更全面。

2.1　资源耗竭理论

从资源耗竭理论的分类看,大致可以分为 4 类领域[88]:第一类是将资源要素纳入经济增长模型,研究耗竭资源的最优开采与使用对最优经济增长的影响问题;第二类是引入动态跨期变量,研究耗竭资源价格的动态变化问题;第三类将资源要素置于复杂系统中,研究各种内生和外生因素对耗竭资源最优开采和使用的影响问题;第四类考虑资源最优化的实现途径,研究耗竭资源的最优税收和补贴问题。

2.1.1 资源耗竭与古典经济增长

资源耗竭理论在第一类领域的发展与经济增长理论的演变过程息息相关。从古典经济增长模型到新古典经济增长模型,再到现代主流经济增长模型的发展历程,也是重视能源要素对经济增长的贡献,并将能源要素从外生变量过渡为内生变量的过程。尤其在 20 世纪 30 年代 Hotelling 提出资源耗竭[89]和 20 世纪 70年代 Meadows 等提出"增长极限论"[90]后,大量文献对资源约束和资源耗竭条件下的经济增长问题展开了深入研究。

Dasgupta 和 Heal[91]（1974）、Stiglitz[92]（1974）、Solow[93]（1974）、Garg 和 Sweeney[94]（1978）等运用新古典经济增长模型分析了耗竭资源的最优开采、利用路径等问题,证明了只有满足资本与资源之间具有相当高的替代性,或者具备足够高的、持续的技术进步率,或者具备持久的、支撑性技术时,经济的可持续增长才有可能实现。从模型的本质看,他们的研究都是在 Hotelling模型基础上的拓展,只是在模型的复杂程度和研究目的上有所区别。究其本质,大致可以归纳为一个一般模型[95]:假设某种耗竭资源的产权所有者处于完全垄断地位,以跨期动态利润贴现和最大为目标,以资源存量给定、开采成本逐渐上升、资源产品价格不能超过替代品价格决定的一个价格上限为约束条件。用数学模型可以表示为

$$\max \int_0^T \{p[y(t),x(t)] - c[x(t)]\}y(t)e^{-rt}dt$$

$$\text{s.t.} \begin{cases} \dfrac{\partial x(t)}{\partial t} = -y(t) \\ x(0) = x_0 \\ \dfrac{dc(x)}{dx} < 0 \\ p[y(t),x(t)] \leqslant \tilde{p}, \ \forall t \in (0,t) \end{cases}$$

式中,$x(t),y(t)$ 分别为 t 时刻的资源存量和开采量,x_0 为初始资

源存量;价格 p 为内生变量,由市场供给情况、开采速度和资源存量决定;c 是开采成本,由生产技术决定;贴现率 r 由经济增长等因素决定。但模型中设定的技术进步外生性,使得该模型脱离了现实情况,在分析长期经济增长时存在明显的缺陷。

2.1.2　资源耗竭与内生经济增长

以 Romer、Arrow、Lucas、Grossman 和 Helpman 为代表的新增长经济学家运用边干边学(learning by doing)模型[96, 97]、人力资本积累[98]、R&D 理论[99, 100]等将技术进步内生化,从而得以研究经济持续增长的内生机制。而资源与内生增长模型的结合,修正了前述模型的缺陷,研究资源稀缺和长期经济增长间的关系也成为可能。

Rasche 和 Tatom[101](1977)首次将耗竭能源要素引入 Cobb-Douglas 生产函数,探索了耗竭资源利用和长期经济增长之间的关系,试图寻找能源利用和经济增长之间更符合实际过程的基本规律。Robson[102](1980)将耗竭资源纳入 Uzawa 模型分析,Takayama[103](1980)强调非竞争性的技术进步作为增长的引擎。但他们的模型只分析了社会最优解。

Schou[104](1996)、Scholz 和 Ziemes[105](1999)通过把耗竭资源引入生产函数,建立了以研发为基础的内生增长模型,强调了由于不完全竞争性引致的市场失灵。但他们的模型没有讨论相应的社会性最优增长路径问题。

我国学者王海建分别在边干边学(learning by doing)模型[106]、Lucas 的人力资本积累模型[107, 108]、Romer 的 R&D 内生增长模型[109]的基础上,将耗竭资源纳入生产函数,研究了模型的平衡增长解和耗竭资源的持续利用等问题。研究认为消耗耗竭资源的同时维持可持续的人均消费,要求人力资本增长率与生产过程中的耗竭资源的绝对投入增长率之比,应大于生产过程中耗竭资源与人力资本产出弹性之比。

彭水军等[110−112]在构建内生增长模型的基础上将耗竭资源

引入生产函数,深入研究了资源耗竭、研发创新与经济可持续增长的内在机理,认为研发创新活动充分有效时(即有足够的人力资本积累以及较高的 R&D 产出效率),可以克服资源稀缺和资源耗竭以及消费者相对缺乏耐心等问题,从而保持经济可持续的最优增长。相反,人均消费将出现负的最优增长率,即在耗竭资源条件下无限制的增长是不可持续的。

出于对资源耗竭的担忧,人们对依托耗竭资源的经济增长的长期可持续性进行了多方位的研究,通过引入技术进步、人力资本积累、研发创新等要素,试图同时实现耗竭资源和经济增长的最优化,并剖析耗竭资源的最优变动和达到最优利用的影响因素。学者们在一系列模型设计和假设前提下,从理论上得到了资源最优利用和经济最优增长的稳态解。对耗竭资源约束的认识也从带有"罗马俱乐部"悲观主义色彩,向科学技术革命支撑下的乐观主义转变。事实上,乐观的耗竭资源的最优利用,也仅是在固有稀缺的前提下进行了某些最优配置的研究,而无法改变其稀缺和耗竭的特性。人们也清醒地认识到过度依赖耗竭资源并非长久之计,人类的未来发展必须逐步建立起保护耗竭资源、依靠再生资源的发展机制。

2.2 资源替代理论

经济的增长速度越来越受限于资源的耗竭速度,虽然加快资源耗竭速度可以获得更快的经济增速,但也使得可持续发展迅速面临资源枯竭的威胁[113]。面对耗竭资源存量的急剧减少和经济增长要求的巨大资源投入,寻找新的资源形式替代耗竭资源已经迫在眉睫。根据可持续发展理论,耗竭资源的消耗速度不应大于其替代速度[114],该理论又进一步从替代速度上对资源替代提出了更高的要求。可以说,资源替代理论正是在深入认识资源耗竭的基础上逐步发展起来的。

资源替代是指人类通过在各类资源间不断进行比较选择和重新认识,逐步采用具有相似或更高效用的资源置换或取代现有资源的行为。从资源替代的方式看,可以分为内部替代和外部替代两种形式。例如,商品能源的最优内部结构、非商品能源的合理比重、电能与一次能源的合理比例、新能源与可再生能源的地位和发展前景等都属于能源的内部替代问题;传统能源与新兴能源、能源与资金、能源与劳动力之间的关系等则属于外部替代问题。

2.2.1　资源的外部替代与内部替代

Weinberg 和 Goeller[115](1976)在假设无限资源的基础上,研究了主要金属资源和稀有金属资源的相互替代问题,并分析了未来相互替代的特点。他们对金属资源相互替代的研究,也标志着资源替代理论研究的起源。之后,又有大量学者对不同资源的外部替代问题进行了深入研究。

Grimaud 和 Rouge[116](2003)指出,研究能源系统对经济增长的影响不能局限于讨论石油、煤炭等耗竭能源,而应将水电、太阳能、生物质能等新型、清洁的可再生能源纳入考察范围,明确表示了运用可再生能源替代耗竭能源的学术观点。André 和 Cerdá[117](2005)从技术组分角度分析了替代弹性的作用,并建立了简单的系统动力学模型,分析了可再生资源替代耗竭资源过程中的产量和可持续性等问题。Giuseppe[118](2006)从技术替代的角度,研究了可再生能源替代耗竭能源在技术上的变化程度,考察技术变革对可再生能源的生产成本、经济增长率的影响。该研究认为如果可再生能源和耗竭能源在技术上不能实现完全替代,经济发展就不能找到最佳的发展路径。如果可以消除不同形式能源间的技术壁垒,提高新能源对常规能源的替代程度,将有力地缓解对资源的依赖,并且通过征收庇古税或实行废物循环再造,增加可再生能源的原料供给,就可以提高资源的使用效率,减少耗竭资源的开采量。

2.2.2 资源替代与经济增长

从资源替代理论和经济增长理论的结合看,又可以分为外生增长理论和内生增长理论框架下的资源替代理论。在技术进步外生增长理论框架下,资源替代理论主要是从要素替代的角度研究经济可持续增长路径,其研究主要集中在技术进步对提高能源效率的作用、能源价格的变动促使其他要素对能源替代等方面。而在内生增长模型框架下的资源替代理论,主要是研究可再生能源对常规能源的替代进程以及对经济增长和可持续发展影响等问题,主要研究领域包括:政府的激励政策和限制政策的影响,可再生能源技术的发展和推广,可再生能源在能源消费结构中的比例等方向。

外生增长模型框架下的资源替代理论的研究主要有:Renshaw[119](1980)将劳动力、能源投入、实物资本 3 种要素引入 C-D 生产函数,研究了美国经济的增长过程,认为居高不下的能源价格能够部分解释美国在 20 世纪 70 年代出现的劳动生产率下降现象,从而证明了劳动力对能源投入存在一定的替代作用。Gemmell[120](1996)考虑引入技术进步补偿耗竭资源对经济增长的约束作用,通过对技术进步的增长率施加限制可以实现经济的可持续增长,从而证明了技术进步与耗竭资源之间存在的替代作用。Iniyan 等[121](2006)运用计量经济学方法,通过研究可再生能源与耗竭能源使用的学习曲线,研究两种能源之间的替代性,并认为可再生能源生产是规模报酬不变的产业,可再生能源对耗竭能源的替代具有较大的可行性,政府有必要加大对可再生能源研究的投入。Sweeney 和 Klavers[122](2007)将能源、自然资源和环境因素引入 Ramsey-Cass-Koopman 模型,研究了耗竭能源的跨期最优开采、利用路径,认为能源只是经济增长的影响因素之一,而非决定性因素,在一定技术条件下可以被其他要素所替代,因此,即使耗竭能源的存量有限,人均消费持续增长仍然是可能的。但他们的研究结论过于乐观,片面强调了其他要素对耗竭资源的自由替代性。

在内生增长模型框架下的资源替代理论方面，Bretschger 和 Smulders[123]（2004）采纳了 Clark 提出的自然资源的再生产具有类似资本积累的动态性能的观点，建立了包含污染与自然资源要素的环境保护积累方程，并与传统资本的积累方程共同构建起农业和工业两部门的经济体系，认为自然资源、资本与污染在长期将具有相同增长率，且保持经济长期持续增长。Kobos 等[124]（2006）在一个小型开放经济体中引入可再生资源部门，发现经济的动态变化可以通过劳动力在部门间的分配、私人消费与资本的比率、资源存量来表示。在模型中考虑资源的影子价格和理性人假设，确保该模型在存在可再生资源部门的情况下仍然能达到增长的稳态平衡。其稳态解具有两个特点：第一，经济处于平衡增长时，可再生资源在均衡时的存量低于最高可持续增长率；第二，可再生资源丰度高的国家，其经济均衡增长速度低于缺乏可再生资源的国家，从而证明了可再生资源替代耗竭资源并支持经济可持续增长的可行性。Simone 等[125]（2009）将耗竭能源和可再生能源的替代引入模型，发现经济可持续发展的唯一路径是，在使用耗竭能源的同时加强可再生能源的替代投资，建立补偿机制，改善能源系统的消费结构，能源需求或消费曲线或许可以达到一个稳态。上述文献将可再生能源约束纳入增长模型，通过严格的数理推导，得出在可再生能源合理开发的条件下，经济体可以实现持续增长的结论。在他们的模型中，加强可再生能源的投资对维持社会福利、实现经济持续发展至关重要。

可以说，资源替代理论是在资源耗竭和经济可持续发展双重约束下迅速发展起来的，已经在多个侧面形成了较为丰富的理论体系。其理论核心主要是围绕可再生资源对耗竭资源的替代，劳动力、技术进步、知识资源[126]等其他要素对耗竭资源的替代，反映出人们试图引入其他要素投入、降低对传统耗竭资源的依赖、维系经济持续发展的努力。现阶段对开发可再生能源资源的重视,也正是资源替代理论的现实表现。随着能源价格的提高、节能技术大量使用、节能资本的投入使得能源消耗下降,也使得能源和资本具有可替代性。资源替代理论说明了当前我国节能减排投资的必要性,也表明了节能减排融资机制的必要性。但我们同样也应该清晰地认识到,资源替代理论的发展还很不成熟[127],而且我国工业化进程中对传统能源资源的大量消耗在一定时期内仍不可避免,经济增长对传统能源资源消费的路径依赖对资源替代的实际操作提出了相当大的挑战。在中国经济发展过程中,能源资源具有不可完全替代性[128]。

2.3　资源配置理论

面对人类无止境的需求,资源存量总是表现出明显的稀缺性。如何合理有效地配置稀缺的资源,使得消耗最少的资源,达到生产最适用的商品和劳务,满足人们理性的现实需求的目的,便成为实现资源的可持续利用和社会的可持续发展的重要课题。资源配置的实质就是对相对稀缺的资源在各种不同用途的组合上加以比较,并做出选择。选择方案的优劣与资源配置的合理性密切相关,对经济效益和社会总福利的提高也有明显作用。一般来说,资源如果能够得到相对合理的配置,经济效益就能得到显著提高,经济发展就能得到持续的强劲推力;否则,经济效益就明显低下,经济发展就无法有效维持。

2.3.1　资源的市场配置与计划配置

资源配置的形式在社会化大生产条件下,主要有市场配置和计划配置两种方式。

通过市场配置方式进行资源配置,主要是利用市场运行机制的积极性进行资源的最优配置。根据市场上资源供需关系的变化状况,以及资源产品价格的信息,引导资源供需双方合理安排和调整生产经营方向、品种、数量和规模,进行生产要素的优化组合,实现产需结合。借助于市场上存在的"看不见的手"调节资源供需关系和价格信号,发挥市场的竞争和优胜劣汰机制,在竞争中实现资源要素的合理配置,并迫使资源供需双方将外部的竞争压力传递到生产经营过程中的成本控制、管理方式、创新意识等多个方面,有助于提高生产效率,减少资源的浪费。市场配置方式是资源配置主要的、有效的方式,但市场机制作用的盲目性和滞后性,有可能产生社会总供给和社会总需求的失衡、产业结构不合理以及市场秩序混乱等现象。尤其在关系国计民生的能源资源的市场配置过程中,市场配置方式的缺陷可能会进一步放大。根据能源资源供需关系的动态变化进行资源配置,往往要经过反复多次的市场自发调节才能达到市场均衡,实现能源资源供求总量的平衡和经济结构的合理化,但从中付出的巨大经济代价和市场信号无法反映国家经济政策的调节倾向,都会造成宏观经济的无序和紊乱。其次,能源资源的消费往往伴随着次生污染,市场机制无法解决企业排污现象。企业消费能源资源造成的外部不经济将生产成本转嫁给整个社会,降低了社会总福利,并影响了社会经济的可持续发展。

资源的计划配置方式是政府计划部门根据社会需要和可能,以计划配额、行政命令来统管资源、分配资源。计划配置方式弥补了市场配置方式的"市场失灵"缺陷,可以有针对性地配置稀缺资源,从总体上保持国民经济按比例发展和社会资源的合理配置,减少市场配置的调节成本,避免盲目无政府状态和周期性危机。对于重点工程项目、区域扶持规划、国家发展战略等国家主导的项目,计划配置方式更能体现其优越性。计划配置通过在全社会范围内动员和集中必要的财力、物力以及资源进行重大建设,从整体利益上协调经济发展,并防止重复建设和巨大浪费。计划机制体现了人们对社会生产按比例发展规律的自觉运用,是主观见之于客观的过程,是一种"看得见的手"的调节。但是人为的计划调节容易造成配额排斥选择、统管取代竞争、市场处于消极被动的地位,从而引发资源闲置、资源浪费、资源配置效率低下等的现象。因此,能源资源的配置往往不能依赖某一种简单的方式实现资源的最优配置,而是应该在市场配置与计划配置相结合的混合配置方式下,取长补短,兼顾效率与公平,才能实现较优甚至最优的配置效率。

2.3.2 资源配置的效率问题

资源配置效率,又称帕累托效率,指的是在一定的技术水平和资源存量的条件下,各投入要素在各产出主体的分配所产生的效益。如果一个经济体无法在不降低任何其他经济主体的效益的条件下,增进任何一个经济主体的福利水平,那么这个经济体内的资源配置效率就达到最优状态,即实现了帕累托最优均衡状态。资源配置效率最优时,各投入要素在各产出主体间的分配所产生的边际产出率相等,即 $MP_i = MP_j$。福利经济学第一定理认为,在效用函数严格递增的条件下,竞争性的市场均衡决定的资源配置是有效率的。因此,在完全竞争市场中,资源应按照边际效率最高的原则在各经济主体之间进行配置。当实现边际效率相等时,才会达到最优资源配置效率。

资源配置效率包含两个层面的含义:一是广义的、宏观层次的资源配置效率,即社会资源的资源配置效率,通过整个社会的经济制度安排而实现;二是狭义的、微观层次的资源配置效率,即资源使用效率,一般指生产主体的生产效率,通过提高生产主体内部的生产管理水平和生产技术而实现。

从资源配置造成的经济增长表现看,如果区域经济增长过程中没有形成"发展极"和"增长点",资源便无法根据市场信号向最具生产效率的生产主体流动,资源配置效率也就得不到提高。低效率的资源配置在理论上表现为"回波效应"或"非均衡"现象,并呈现出一种"循环累积"的发展态势,在实际上表现为各种结构性矛盾,并最终导致地区之间经济发展差距不断拉大[129]。自改革开放以来,中国省内产出结构的配置效率和省际要素配置效率都有所下降[130]，省际地方保护主义是影响资源配置效率的主要原因，也间接影响了区域经济发展的协调性。而改善我国资源配置效率的关键在于推进市场化改革进程，加快地方政府职能的转换[131]。

2.3.3　资源配置的公平问题

与资源配置效率相对应的是资源配置的公平性问题。长期以来，"效率优先、兼顾公平"的市场资源配置指导思想，产生过积极的重大历史意义，但效率与公平的争论一直没有停止。从社会资源配置的流向看，资源的配置其实就是在私人部门和公共部门之间进行配比。其中，私人部门的资源由市场提供与配置，经济主体的分配收入呈现严重的两极分化趋势；公共部门的资源由政府提供与配置，配置效率的低下与不公平现状，导致了资源的巨大浪费与不同经济主体对利益占有的巨大反差[132]。个人贫富差异、区域经济差异、医疗资源配置不公、教育资源配置不均等社会现象已经引起了全社会的高度关注，资源配置的公平性问题已经成为一个社会性问题。能源资源配置的公平问题，也开始逐渐得到重视。我国能源资源的分布与区域经济发展水平呈现出较明显的逆向分布态势。长期以来，西部地区经济发展所需的能源资源远远小于其能源资源开采能力，而资源贫乏的东部发达地区对能源资源的需求巨大，形成了能源资源自西向东的长期单向流动局面。东西部分布成为我国的能源净输入和净输出地区，广大的西部地区用能源资源为东部地区源源不断地注入了经济发展的强大动力，而西部地区并没有得到相应的反馈效应和发展机会。可以说，西部能源资源开发模式已经成为最大的资源配置不公现象。现阶段必须统筹我国的能源资源开发和经济发展模式，协调东西部区域经济发展平衡度，兼顾整体经济腾飞过程中的能源资源配置的效率和公平问题，才能有效地避免"资源诅咒"现象的发生。

除了资源配置公平的空间维度之外，时间维度的代际公平也是资源配置的重点研究内容。Page[133](1982)率先在社会选择和分配公平两个基础上提出了代际公平问题,指出代际公平就是当代人关于资源配置的决策要保证当代人与后代之间的福利公平。Pearce 等[134](1993)认为代际公平的实现就必须能够保证当代人福利增加的同时,也不会使后代人所得利益减少。Weiss[135](2002)进一步将代际公平思想发展为代际公平理论,指出代际之间应在资源、环境、机会 3 个方面具有公平性。代际公平理论已经成为可持续发展的一个重要方面。当代的发展理念更注重代际之间的和谐,要求既要实现当下的快速发展,也要为子孙后代留有足够多的资源存量和发展空间。传统的发展模式,尤其是以能源粗放式投入为主的经济发展模式,忽略当代人了对耗竭能源资源的掠夺会加剧后代人的资源匮乏,是一种自私的发展行为。将经济发展所需的能源投入逐渐从耗竭能源资源转向可再生能源资源,则可以有效地保护耗竭能源资源,并为后代提供可再生的发展模式,从而实现当下与后代的发展要求,在代际之间保证了资源配置的公平。

2.4　资源规划理论

资源规划是对一定区域内的自然资源进行合理勘探、开发以及保护的总体部署[136]。其理论渊源可以追溯到 1986 年开始的矿产资源经济区划研究。资源经济区划理论以地域分工理论和区位理论为理论基础,其中,由自然资源禀赋差异构成的地域分工理论是资源经济区划理论的自然基础,而由区域发展环境构成的区位要素是资源经济区划理论的社会条件[137]。资源经济区划就是把资源作为物质资料生产要素,根据其在地域上的分布、组合特点,以及同其他自然的、经济的、社会的物质资料生产要素相结合,按照其消费使用特点和产业关联,把资源和经济有机结合起来进行资源经济区域的划分[137]。资源经济区划不是简单的自然区划,也不是单纯的经济区划,而是有机结合自然资源禀赋与经济发展水平,将自然资源作为社会物质资料生产的基本要素——自然劳动对象要素和自然劳动资料要素,并且与其他社会生产要素相结合,根据其分布与组合特点进行区域单元划分[138]。资源经济区划理论对我国的矿产资源规划实践起到了极大的促进作用,但由于资源经济区划理论是计划经济体制下的理论产物,带有明显的历史局限性,在指导市场经济体制下的资源规划和开发时存在明显的偏差。

市场经济体制下的资源开发和利用过程中主要存在结构失衡问题[139],包括资源基础结构、资源开发利用层次结构和资源市场结构的失衡。资源基础结构失衡主要表现为资源在空间分布上的组合关系的失衡和组成要素质量对比关系的失衡;资源开发利用层次结构失衡表现为资源开发利用规模和时序的失衡;资源市场结构失衡表现为区域内外两个市场之间的失衡。如果资源结构失衡问题得不到解决,资源系统的演化可能会走向无序和紊乱,甚至崩溃。

资源规划理论正是在这种背景下发展起来的,其目的就是为了实现区域自然资源的最优配置和高效的产出回报[140],从而解决自然资源开发过程中空间组合、资源质量组合、开发规模和时序、资源开发和消费市场的协调问题,实现资源的最优配置效率和永续利用。

资源规划是指在一定的空间范围内,依据科学的原理和方法,对未来一定时期内的资源的调查评价与勘查、开发保护与利用、环境保护与治理所做的统筹安排和布局,是依据区域社会经济发展和区域自然资源的自然禀赋特征在时空上对自然资源进行符合可持续发展要求的优化配置和合理利用的战略部署和协调组织[141]。

资源规划理论以资源配置理论、价格规律以及可持续发展理论为理论基础。在客观认识自然资源有限稀缺的前提下,试图综合运用经济、市场或行政手段来调整资源的配置结构。尤其关注市场经济体制下的资源价格,用以反映资源的稀缺程度和供需关系。借助市场的自发调节作用,使得自然资源以达到供需均衡状态下的合理价格进行交换,促使自然资源按照经济规律和市场规律进行配置,从而实现资源向经济效率较高的部门流动,资源配置趋向帕累托最优状态。资源规划理论突出了资源开发和利用的市场规律,改正了计划经济体制下政府宏观调控造成的资源价格扭曲现象,使得资源开发、利用效率以及加工增值的放大效益得以体现。另外,资源规划理论还特别强调对资源的永续利用和社会经济的可持续发展。在吸收可持续发展理论的基础上,重点关注了资源的合理开发利用、持续供给、有效保护和降低环境成本等资源利用环节的突出问题,并由此产生了资源规划过程中的资源资产问题、资源产权问题、资源价值问题、资源核算问题与资源产业问题。资源规划理论中蕴含的可持续发展理念,要求开发利用自然资源时应特别关注代际公平和代内公平。通过科学的资源规划,运用合理的价格机制,调节资源输出区和输入区的利益分配,实现资源利用的代内公平;并提高单位资源的使用效率,走资源节约型发展道路,同时积极寻找可再生的替代资源,实现资源利用的代际公平。

资源规划是加强宏观调控、发挥市场配置资源基础性作用的重要前提,是体现国家产业政策、落实自然资源管理制度的基本手段。在国民经济发展过程中,资源规划具有重要作用,具体表现为:资源规划是实现自然资源可持续利用和发展的重要保证,是调控自然资源供需矛盾、调整资源结构的有力手段,是资源管理的基础,是改善并维护自然资源开发秩序的必要条件,是自然资源综合管理的核心内容,是市场经济下必要的宏观调控的重要手段。在进行资源规划时,必须遵守区域经济增长原则、经济持续发展原则、环境保护原则和社会进步原则这四大基本原则。协调好自然资源开发利用、社会经济发展、环境保护和人口增长之间的相互关系,达到变资源优势为经济优势的目的,从宏观上指导资源的开发布局和协调经济发展与人口、资源、环境的相互关系[139]。此外,还必须遵守可持续开发利用原则、综合效益最大化原则、配置成本最小化原则和因地制宜原则。以合理开发利用资源作为出发点,把保护、改善资源环境作为归宿,并要求体现区域自然资源之间开发的横向系统关联,以期获得资源、环境、经济及社会等综合效益的统一[142]。

2.5　本章小结

本章的研究旨在为风能资源最优化开发奠定理论基础。本章归纳梳理了资源耗竭理论、资源替代理论、资源配置理论、资源规划理论的相关成果,可以得到以下具有指导意义的结论。

(1) 资源耗竭的威胁,是风能资源开发的根本动力。

《增长的极限》虽然带有过多的悲观情调,但却在世界范围内无可非议地引起了人们思考地球的有限性以及资源开发的不可持续性。该著作前瞻性地宣扬了资源耗竭可能对人类社会造成的巨大灾难,人口激增、资源短缺、环境污染、生态破坏等已经逐渐引导人类走向不可持续发展的道路。其中最根本、最核心的原因正是资源的稀缺。人口激增与经济发展都加大了对现有稀缺资源的开采、消耗、依赖,在促使资源趋于耗竭的同时也造成了环境污染、生态破坏等一系列次生问题。可以说,解决好全球范围的资源供给,尤其是保证能源资源的安全,对于解决其他全球性问题具有极其重要的关键作用。包括风能在内的可再生能源资源的开发,已经越来越显示出在增加能源供给、减缓传统化石能源消费、降低碳排放、保护生态环境等多个方面的优越性。受稀缺资源的限制,以及能源耗竭的威胁,未来世界发展的引擎必将摆脱传统能源的约束,众多可再生能源资源才是未来世界发展的动力源泉。也正因为资源耗竭的威胁,才使全世界高度重视包括风能在内的可再生能源资源的战略价值,是风能资源开发的根本动力,也是指导本书研究的一个理论基础。

(2)资源替代的提出,是风能资源战略地位提升的理论依据。

资源替代实际上就是用边际成本较低的产品去替代边际成本较高的产品。从生产要素之间的替代看,可以有劳动力、资本、技术、能源之间相互替代的多种形式,在一定程度上可以解决能源要素投入的不足,但并不能从根本上解决能源耗竭的威胁,也即无法用其他生产要素完全替代能源要素投入。从能源要素内部的替代看,可以有太阳能、风能、生物质能、潮汐能、地热能等可再生能源对一次化石类能源替代的多种形式。随着新能源开发、利用技术的革新,其相应成本迅速下降,部分新能源已经具备了商业化运作的条件。尤其风能资源是最具商业开发前景的新能源品种,风能资源已经从最初充当一次化石类能源的有效补充能源,上升为化石能源的替代能源,在部分区域或者部分行业,风能资源已经实现了对传统能源的替代。根据我国政府公布的目标:与 2005 年相比,2020 年要实现单位 GDP 的碳排放强度下降 40%~45%;到 2020 年非化石能源占一次能源消费比重要达到 15%。风能资源的战略价值还将进一步凸显,并从替代能源逐步过渡为主力能源。因此,资源替代理论也是指导本书研究的一个理论基础。

(3)资源配置的缺陷,是开发风能资源的现实需求。

传统化石能源的一个重要特征是稀缺性。只要是稀缺的资源,其配置过程必然出现比较与选优,以保证有限的资源在不同用途上的合理配置,并获得最佳效益。而现实的资源配置过程,其实是一个选择较优的过程,理论上的最佳组合很难在现实中得以实现。在目前的政治经济体制下,能源资源的配置实际上受到计划与市场的双重控制,围绕能源资源的争夺、博弈、寻租、市场操纵层出不穷,很难保证其配置的效率与公平。欠发达地区很可能缺乏相应政策扶持与能源资源供给,而失去迅速崛起的机会。广大中西部地区的能源资源储量丰富,却长期扮演东部发达地区的能源供给地角色,在资源的配置过程中没有得到相应比例的经济辐射,是效率与公平严重失衡的资源配置过程。而我国风能资源丰富,在东部沿海地区与广大的西部、北部地区都蕴藏大量的可供开发的风能资源。风能资源的开发有助于缓解东部发达地区的电力短缺,在一定程度上减轻西部能源富集地的供给压力。同时,西部、北部等欠发达地区发展风电,也有助于增加其经济发展机会,缓解能源、生态的压力。与水电、核电等能源品种相比,风能资源的开发更具空间普适性,对缓解资源配置的矛盾更具重要意义。

(4) 资源规划的目的,是保证风能资源开发的可持续发展。

资源规划主要用以解决自然资源开发过程中空间组合、资源质量组合、开发规模和时序、资源开发和消费市场的协调,实现资源的最优配置效率和永续利用。不仅传统化石能源资源的开发和利用需要借助资源规划理论的指导,在不同地区、不同能源品种、不同时期、不同开发规模、不同消费市场之间进行协调,以取得稀缺性能源资源开发与经济发展的双赢,同样地,可再生能源资源的开发更需要资源规划理论的指导。水电开发的地域局限比较明显,规划区域较有针对性;太阳能开发也与地理纬度密切相关,相应的日照时间也较为稳定;而风能资源的分布较为广泛,也最不稳定,如何解决风能资源开发空间场所的选择、风能资源开发投资规模及其时序的确定、风能资源开发与电网的协调等多个课题,已经成为保证风能资源开发可持续发展的重要前提。因此,风能资源开发需要资源规划理论的指导。

第3章 风能资源开发与风电产业发展现状

3.1 世界风电产业发展现状

3.1.1 世界风电装机容量发展概况

从 1996 年至今,世界风电产业发展呈现快速、持续增长。1996 年至 2011 年期间,世界风电累计装机的增速均在 20% 以上,2012 年至 2013 年的增速也超过了 10%,1996 年至 2013 年平均增速达到了 26.2%(见表 3-1)。世界风电新增装机量的增速波动较大,2010 年以来新增装机量有所放缓(见表 3-2)。

风电产业在成为世界能源市场的重要力量的同时,在拉动经济增长和创造就业方面也发挥着越来越重要的作用。据全球风能理事会估算,2009 年全球风电装机容量总产值已达到 450 亿欧元,相关从业人员约有 50 万人。

表 3-1 全球风电累计装机容量变化趋势

年份/年	1996	1997	1998	1999	2000	2001	2002	2003	2004
累计装机量/MW	6 100	7 600	10 200	13 600	17 400	23 900	31 100	39 431	47 620
增速/%	—	24.59	34.21	33.33	27.94	37.36	30.13	26.79	20.77

年份/年	2005	2006	2007	2008	2009	2010	2011	2012	2013
累计装机量/MW	59 091	73 938	93 889	120 624	158 975	198 001	238 126	283 048	318 137
增速/%	24.09	25.13	26.98	28.48	31.79	24.55	20.27	18.86	12.40

资料来源:全球风能理事会(GWEC),《2013 年全球风电发展报告》

表 3-2　全球风电新增装机容量变化趋势

年份/年	1996	1997	1998	1999	2000	2001	2002	2003	2004
新增装机量/MW	1 280	1 530	2 520	3 440	3 760	6 500	7 270	8 133	8 207
增速/%	—	19.53	64.71	36.51	9.30	72.87	11.85	11.87	0.91

年份/年	2005	2006	2007	2008	2009	2010	2011	2012	2013
新增装机量/MW	11 531	14 703	20 285	26 872	38 467	39 059	40 636	45 169	35 467
增速/%	40.50	27.51	37.97	32.47	43.15	1.54	4.04	11.16	−21.48

资料来源：全球风能理事会(GWEC),《2013 年全球风电发展报告》

在累计装机容量、新增装机容量、创造就业机会等方面，世界风电产业已经表现出了迅猛的发展态势和巨大的发展潜力。

世界风电产业的快速发展最重要的推动力是能源安全与气候变化。国际能源研究报告表明，如果各国采取有力措施，风力发电到 2020 年可提供世界电力需求的 12%，在全球范围内减少 100 多亿吨二氧化碳废气，并创造 180 万个就业机会。欧洲和美国风电成为新增容量最快和容量最大的发电电源之一，其中美国风电装机占其新增发电装机容量的 42% 以上，欧盟 27 国风电装机占其新增发电装机容量的 43% 以上，为能源供应安全和能源来源多样化提供了技术保障。风电也是成本最低的温室气体减排技术之一。正如全球风能理事会秘书长苏思樵所指出的，"这些数据是有说服力的：全球市场对于风电这样的零排放技术有着巨大并且持续增长的需求。为了避免发生不可逆转的气候变化后果。全球的温室气体排放必须在 2020 年前后达到峰值且开始下降，而风电是目前实现这一目标的最佳发电技术选择"。在美国的 50 个州中，大约有 30 个州已经开始利用风能资源。在 1998—2004 年，美国风力发电的总装机容量已经超过 6 740 MW，可以满足 160 万个中等家庭的日常用电需求。随着技术的进步和规模的扩大,风电发电成本继续下降,估计10年后完全可以和清洁的燃煤电厂竞争。

3.1.2　世界风电设备制造业发展概况

世界风电设备制造业呈现集中度高的特点。

主要的设备制造商集中在欧洲的丹麦、德国、西班牙,亚洲的印度,北美洲的美国。其中欧洲地区的风电设备制造业生产能力占世界的50%以上,是最重要的风电设备生产地,也是最大的风电设备出口地区。

在全球风电装备制造业中,欧洲一直占据着主导地位,是世界各国风电制造企业的重要技术供应商,其中我国大部分风电制造企业的原始技术均来自于欧洲。据能源咨询机构EER(Emerging Energy Research)的报告显示,2008年风电制造商较2007年多安装了11 GW以上的风机,新增装机量接近30 GW,几乎是2006年的一倍。高速发展的2008年全球风机市场给所有风电制造商提供了广阔的市场空间,但总体而言全球风机市场仍然由老牌制造商主导,仅 Vestas(丹麦)、GE(美国)、Gamesa(西班牙)、Enercon(德国)、Suzlon(印度)和 Siemens(德国)6家公司就占据了全球市场70%的份额,牢牢锁定着那些位于产业链"微笑曲线"两端高附加值的部分。美国和印度是后来居上的国家,其发展速度不容小视。美国的 GEWIND 公司占世界风电设备市场的16%左右,使美国成为世界风电设备制造业发展最快的国家之一。

进入21世纪以来,国际上风电设备制造企业之间频频发生并购重组事件,巨型企业加入风电机组制造业,行业集中度不断上升,中小企业生存和发展空间变得狭小艰难。2003年,丹麦的 Vestas 公司吞并了 NEGMicon,成为世界上最大的风机制造商;美国通用电气(GE)在2002年通过并购安然风力公司进入风电市场;德国西门子公司于2004年兼并了丹麦 Bonus 公司,成为风机制造业第五大公司;2007 年 6 月,Suzlon 收购了 REpower,在市场中的份额又有了进一步的提高。经过近些年的兼并重组,目前风电设备制造行业的集中度不断上升。世界风电整机市场中,前十大制造商产量就占据了总产量的 84%,行业集中度非常高。

2013 年,由于美国 PTC(Production Tax Credit,生产税抵减法案)政策的不稳定,美国风电市场萎缩,GE 公司失去了市场第一的地位,降至第五。Vestas 以 4 893 MW 的装机容量,跃居市场第一,占 13.1% 的市场份额。得益于中国市场的回暖,金风科技以 4 112 MW 的装机容量,获得 11% 的市场份额,位居第二。全球市场排名前十的风电设备供应商共占有了 69.5% 的市场份额,风电设备制造业的集中度较高。

3.1.3 世界风电市场发展趋势

(1) 风力发电提供更多的电能,发电成本逐步下降。

世界风能协会指出,按照目前的风电增长速度估计,未来风能的发展将按照惊人的速度发展,即使将不安全因素等纳入考量范围,到 2020 年风电装机至少达到 1 500 000 MW,提供至少 12% 的全球用电需求。

Energy Watch Group 的研究指出,2025 年可再生能源发电将供给超过全球一半电力需求,其中 2019 年风能和太阳能将占到电力新装机总量的一半。

全球风能理事会(GWEC)对世界风电产业未来发展的预测显示:到 2020 年,全球风电累计装机容量增长还将保持 20% 左右的复合增长率(见表 3-3)。此外,GWEC 预测风力发电成本还将下降 30%,风电将越来越具有商业吸引力。

表 3-3　世界风电和电力需求增长预测

年份/年	年新增装机容量/MW	累计装机容量/MW	风电年电量/万亿 kWh	世界电力需求/万亿 kWh	风电占世界电力比例/%
2015	94 668	556 933	1 366	22 639	6.03
2016	108 868	665 790	1 633	23 198	7.04
2017	125 199	790 988	1 940.1	23 771	8.16
2018	137 718	928 707	2 277.9	24 359	9.35
2019	151 490	1 080 197	2 649.5	24 961	10.61
2020	151 490	1 231 687	3 021.1	25 578	11.81
2030	151 490	2 592 424	6 358.7	31 524	20.17
2040	151 490	3 082 167	8 099.9	36 585	22.14

资料来源：全球风能理事会（GWEC），全球风电预测数据。

（2）风机设备趋向大型化。

风机设备在陆上风电和海上风电的开发中都具有很明显的大型化趋势。

从投放市场的陆上风电机组的类型看，近年来陆上风电机组继续朝着更大功率发展。功率在 1 500～2 500 kW 的风电机组，2006 年占全球新增市场的 62.2%，2007 年增加到 63.7%，2008 年则已达到 80.4%，进一步巩固了这种功率范围机型的主流地位。2008 年全球新增风电机组的平均功率已经达到 1 560 kW，比 2007 年增加了 66 kW。而功率小于 1 499 kW 的风电机组，全球市场占有率在明显降低。功率大于 2 500 kW 的多兆瓦级风电机组中，最主要的是 Vestas 公司生产的 3 MW 风电机组和 Siemens 公司生产的 3.6 MW 风电机组，而 Enercon、Repower、Multibrid 和 Bard 生产的 5～6 MW 风电机组实际投放量则较少，见表 3-4。

表 3-4　2006—2010 年全球风电机组功率分布

功率范围	2006 年	2007 年	2008 年	2009 年	2010 年
<750 kW	2.4%	1.3%	0.5%	1.1%	0.2%
750~1 499 kW	31.0%	29.8%	13.1%	12%	8.3%
1 500~2 500 kW	62.2%	63.7%	80.4%	81.9%	83.1%
>2 500 kW	4.3%	5.3%	6.0%	5.1%	8.4%

资料来源:BTM Consult(以上份额按照装机容量计算得出)

在海上风机方面,2008 年前,仅有德国 REpower 和 Enercon 在大型风机制造方面绩效相对突出。REpower 在 2004 年制造出第一台 5 MW 样机,目前已有 17 台在陆上和海上运行。Enercon 新近开发出第二代直驱式 6 MW 风机,将风轮直径从 4.5 MW 的 112 m 提高到 127 m。而近两年,其他企业也已开始逐步跟进。丹麦 Vestas 正在开发 Micon 机型的 4 MW 海上风机;西班牙 Gamesa 在开发 4.5~5 MW 机组;德国 BARD 已研发出 5 MW 系列,目前已有 3 台安装在陆上和近海区域,2009 年又宣称开始研制 6.5 MW 机组;Siemens 已完成对其 3.6 MW 直驱概念机组的测试;荷兰的 Darwind 在研发直驱 5 MW 机组;美国 Clipper 计划第一阶段与英国合作开发 7.5 MW 机组,第二阶段的目标是 10 MW 机组;美国超导公司则与美国能源部达成协议,计划采用超导发电机,制造 10 MW 规模的机组。由此看来,大型化的 4~10 MW 风机将可能成为未来海上风机的主流。

(3)海上风电的发展将成为新亮点。

1991 年,自丹麦建立世界上第一座海上风电站以来,世界海上风电的发展一直较为缓慢,主要原因是技术复杂,安装、运行、维护的成本高,一直不被开发商看好。但是,欧洲和美国在海上风电技术的研发一直没有停滞,海上风电的技术难关不断被攻破。同时,随着欧洲特别是丹麦、德国等国家的陆地风电资源基本开发完毕,减排和提高可再生能源比例的要求,使海

上风电的发展被提上议程。直到 2008 年,世界海上风电开始
有了新的飞跃,2012 年新增装机容量 1 131 MW,累计装机容量
达到 5 111 MW。2013 年新增 1 721 MW,累计装机容量达到
6 832 MW。欧洲仍然是海上风电发展最快、新增装机最多的地
区,如图 3-1 所示(资料来源于 EWEA《The European offshore
wind industry》)。

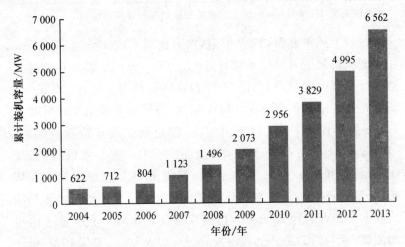

图 3-1   2004—2013 年欧洲海上风电累计装机容量

在欧洲海上风电发展提速的同时,其他国家和地区也在效
仿。我国在 2009 年实现了海上风电零的突破,上海东海大桥
10 万 kW海上风电项目安装了 34 台单机容量 3 MW 的海上风
机,在 2010 年 4 月底全部建成并网。截至 2013 年底,全国海上
风电项目累计核准规模约为 2 220 MW,其中已建成 390 MW。
美国的海上风电于 2010 年 5 月获得了美国政府的批准,468 MW
的 Cape Wind 风电项目和 30 MW 的 Block 岛项目已经完成了前
期工作。

3.2　我国风能资源禀赋特征

3.2.1　我国风能资源储量特征

（1）陆地 10 m/50 m 高度层风能资源丰富。

中国气象局全国风能资源普查显示,中国陆地 10 m 高度层风能资源可开发储量为 32.26 亿 kW,技术可开发量为 2.53 亿 kW。2006 年国家气候中心进一步的研究认为,在不考虑青藏高原的情况下,全国陆地上离地面 10 m 高度层风能资源技术可开发量为 25.48 亿 kW。考虑风电场中风电机组的实际布置能力,按照低限 3 MW/km² 、高限 5 MW/km² 计算,陆上技术可开发量为 6 亿～10 亿 kW[①]。

2003—2005 年联合国环境规划署组织国际研究机构开展的风能资源评价,认为中国陆地上离地面 50 m 高度层风能资源技术可开发量可以达到 14 亿 kW。

（2）海上风能资源充裕。

根据《全国海岸带和海涂资源综合调查报告》,中国大陆沿岸浅海 0～20 m 等深线的海域面积为 15.7 万 km²。2002 年中国颁布了《全国海洋功能区划》,对港口航运、渔业开发、旅游以及工程用海区等做了详细规划。如果避开上述这些区域,考虑其总量 10%～20% 的海面可以利用,风电机组的实际布置按照 5 MW/km² 计算,则近海风电装机容量为 1 亿～2 亿 kW。

综合来看,中国可开发的风能潜力巨大,陆上加海上的总量有 7 亿～12 亿 kW,风电具有成为未来能源结构中重要组成部分的资源基础。

3.2.2　我国风能资源分布特征

中国的风能资源分布广泛,其中较为丰富的地区主要集中在

[①]　中国气象局.中国风能资源评价报告,2006.

东南沿海及附近岛屿以及北部(东北、华北、西北)地区。此外内陆也有个别风能丰富点,近海风能资源也非常丰富。

中国气象局 2007 年 7 月开始组织实施的全国风能资源详查和评价工作显示:我国陆上离地面 50 m 高度达到 3 级以上风能资源的潜在开发量约为 23.8 亿 kW;我国内蒙古的蒙东和蒙西、新疆哈密、甘肃酒泉、河北坝上、吉林西部和江苏近海等 7 个千万千瓦级风电基地风能资源丰富,陆上 50 m 高度 3 级以上风能资源的潜在开发量约为 18.5 亿 kW;7 个千万千瓦级风电基地总可装机容量约为 5.7 亿 kW;初步估计,我国 5 m 至 25 m 水深线以内近海区域、海平面以上 50 m 高度可装机容量约为 2 亿 kW[①]。

(1)沿海及其岛屿地区风能丰富带。

山东、江苏、上海、浙江、福建、广东、广西和海南等沿海近 10 km 宽的地带是沿海及其岛屿地区风能丰富带,这些地区受台湾海峡的影响,每当冷空气南下到达海峡时,由于狭管效应使风速增大。冬春季的冷空气、夏秋的台风,都能影响到沿海及其岛屿,此区域是我国风能最佳丰富区,其年风功率密度在 200 W/m² 以上,风功率密度线平行于海岸线。沿海岛屿风功率密度在 500 W/m² 以上,如台山、平潭、东山、南鹿、大陈、嵊泗、南澳、马祖、马公、东沙等,可利用小时数为 7 000～8 000 小时。这些地区特别是东南沿海,由海岸向内陆多为丘陵连绵,风能丰富地区仅在距海岸 50 km 之内。

(2)北部地区风能丰富带。

北部地区风能丰富带包括东北三省、河北、内蒙古、甘肃、宁夏和新疆等近 200 km 宽的地带,风功率密度在 200 W/m² 以上,阿拉山口、达坂城、辉腾锡勒、锡林浩特的灰腾梁、承德围场等地区可达 500 W/m² 以上。可开发利用的风能储量约为 2 亿 kW,约

---

① 刘羊旸,张辛欣.我国风能资源详查取得新进展[EB/OL].(2010-01-11)[2010-01-16].www.ozznet.com/2010/1-16/506776262256735.html.

占全国可利用储量的 79%。

（3）其他风能丰富区。

此外,内陆风能丰富点主要存在于湖泊以及特殊地形地区,如鄱阳湖附近较周围地区风能就大,湖南衡山、湖北九宫山、河南嵩山、山西五台山、安徽黄山、云南太华山等地区风能也明显大于平地风能。

东部沿海水深 5~20 m 海域的近海风能丰富,但限于技术条件,实际的技术可开发风能资源量远远小于陆上。

3.2.3　我国风能资源与其他因素的交互特征

（1）我国风能资源丰富但季节分布不均匀。

我国风能资源丰富但季节分布不均匀,一般春、秋和冬季丰富,夏季贫乏;而我国水能资源丰富是在夏季,雨季在南方大致是 3 月到 6 月,或 4 月到 7 月,在这期间的降水量占全年的50%~60%;在北方,不仅降水量小于南方,而且分布更不均匀,冬季是枯水季节,夏季为丰水季节。丰富的风能资源与水能资源季节分布刚好互补,大规模发展风力发电可以一定程度上弥补中国水电冬春两季枯水期发电电力和电量之不足。

（2）风能资源地理分布与电力负荷中心不匹配。

沿海地区经济发达,电力负荷大,沿海及其岛屿地区风能资源丰富,风电场接入系统方便,与水电具有较好的季节互补性。然而沿海岸的土地大部分已开发成水产养殖场或建成防护林带,可以安装风电机组的土地面积有限。

东北、华北、西北地区风能丰富带包括东北三省、河北、内蒙古、甘肃、青海、西藏和新疆等省/自治区近 200 km 宽的地带。"三北"地区风能资源丰富,风电场地形平坦,交通方便,没有破坏性风速,是我国连成一片的最大风能资源区,有利于大规模开发风电场。但北部地区电力负荷小,给风电开发带来经济性困难。由于大规模开发需要电网延伸的支撑,而当地电网建设薄弱、容量较小,且距离负荷中心远,需要长距离输电,这就限制了风电的开发规模。我国大多数风能资源丰富区均远离电力负荷中心,存在明显的不匹配性,造成了一定的开发难度。

3.3 我国风能资源开发利用现状

3.3.1 总体装机规模发展现状

我国风能资源开发利用的一个最为明显的特征是总装机规模增长迅猛。从1990年的4.1 MW增长到2013年的91 413 MW[①],正是过去几年我国风能资源开发的一个真实写照。这主要受惠于相关政策的扶持和引导,才使得我国风能资源开发在起步晚、起步慢的局面下,迅速迈入风电大国行列。这也同步加速了风电设备国产化的进程,迅速提高了风机制造关键技术水平,为今后装机规模的发展与装机设备质量的提升提供了坚实的产业基础。

我国大容量并网风电的开发始于20世纪80年代初,于90年代初进入规模化和商业化发展阶段,比国外晚了十几年。我国风电发展初期,通过"乘风计划"、"双加工程"、"国债风电"和风电特许权等一系列风能政策的颁布实施,极大地推动了我国风能资源开发和本土风电设备制造企业的发展,大大缩短了与发达国家的差距。

1990年,累计装机容量仅为4.1 MW,到1997年已经突破100 MW,达到了167 MW,当年新增装机容量为110.4 MW,新增比例达到了195%。

2000年,当年新增73.53 MW,新增比例为27.44%,累计装机容量突破300 MW。

2003年,开始实施风电特许权项目,当年新增装机容量达到98 MW,新增比例为21%,累计装机容量突破500 MW。

2005年2月颁布《可再生能源法》,可再生能源的地位确认、

价格保障、税收优惠等都写进了法律。7 月,国家发改委出台了《关于风电建设管理有关要求的通知》,要求风电设备国产化率要达到 70％以上。当年新增装机容量突破 500 MW,新增比例达到 66.7％,累计装机容量突破 1 000 MW。

2006 年 1 月 1 日,《可再生能源法》正式开始实施。1 月,国家发改委印发《可再生能源发电价格和费用分摊管理试行办法》,明确了上网电价定价方式和水平,以及可再生能源发电上网电价超出部分由全体电力用户分摊的原则。6 月,财政部颁布《可再生能源发展专项资金管理暂行办法》,明确该资金将重点扶持风能、太阳能、海洋能等发电的推广应用。11 月,国家发改委和财政部联合下发《促进风电产业发展实施意见》,风能资源详查、风电研发体系、检测认证体系和风电设备国产化获得政策强力支持。一系列相关政策法规密集出台,使得当年新增装机容量突破 1 000 MW,新增比例达到 101％,累计装机容量突破 2 000 MW。

2007 年 8 月,国家发改委颁布《中国可再生能源中长期发展规划》,对发电公司提出配额制要求,即五大电力公司可再生能源装机发电量 2010 年要达到 3％,2020 年要达到 8％。10 月,又颁布了《关于进一步贯彻落实差别电价政策有关问题的通知》。当年新增装机容量突破 3 000 MW,新增比例达到 130％,超过德国和印度,仅次于美国和西班牙,累计装机容量突破 5 000 MW,超过丹麦,成为世界第五风电大国。

2008 年 3 月 18 日,发改委印发《可再生能源发展"十一五"规划》,提出到 2010 年,可再生能源在能源消费中的比重达到 10％,比 2005 年提高 2.5 个百分点;到 2010 年,风电总装机容量达到 10 000 MW,风电整机生产能力达到年产 5 000 MW。当年新增装机容量突破 6 000 MW,新增比例达到 105％,新增装机容量更是仅次于美国,占全球新增装机容量的 23％,累计装机容量突破 10 000 MW,提前完成"十一五"规划,成为世界第四风电大国。

2009年12月26日,十一届全国人大常委会第12次会议表决通过了《可再生能源法修正案》,对《可再生能源法》做了8处修改,最为重要的是将"全额收购"改为"国家实行全额保障性收购",确立了风电并网的法律依据。当年新增装机容量突破10 000 MW,新增比例达到115%,累计装机容量突破20 000 MW,首次超越德国,位居世界第二,仅次于美国。

2010年2月,国家能源局、国家海洋局联合下发《海上风电开发建设管理暂行办法》,规范了海上风电建设,其目的在于促进海域空间资源合理利用,强化海洋生态环境保护。当年新增装机容量突破15 000 MW,新增比例达到73%,累计装机容量突破40 000 MW,新增装机与累计装机两项数据首次超过美国,均位居世界第一。

2010年9月,我国首轮海上风电特许权项目招标顺利启动。滨海300 MW的风电项目由大唐集团旗下大唐新能源股份有限公司中标,中标价为0.737元/kWh;射阳300 MW的风电项目由中国电力投资有限公司联合体中标,中标价为0.704 7元/kWh;大丰200 MW风电项目由国电集团旗下的龙源电力集团股份有限公司中标,中标价为0.639 6元/kWh;东台200 MW风电项目由国家电网公司旗下的山东鲁能集团中标,中标价为0.623 5元/kWh。风能资源开发正式向海上风电进军。

2012年8月,国家能源局公布了《可再生能源发展"十二五"规划》,计划到2015年,可再生能源年利用量达到4.78亿吨标准煤,累计并网运行风电达到1亿kW,其中海上风电为500万kW。当年新增风电装机容量达到12 960 MW,累计装机容量突破75 000 MW。

2013年5月,国家能源局发出《关于加强风电产业监测和评价体系建设的通知》,要求加强风电产业的发展动态、开发建设、并网运行和设备质量等重要信息的监测和评价工作,有利于风电产业健康持续发展。

　　从图 3-2、图 3-3、表 3-5、表 3-6 可以清晰地看出近十年我国风能资源开发的飞跃式发展轨迹,以及与其他风电发达国家的对比结果。1990 年至 2013 年的详细原始数据见附录表 1。

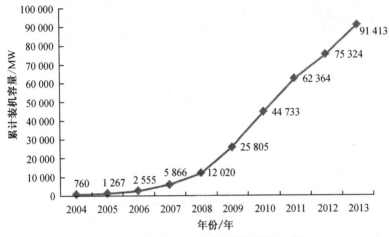

图 3-2　2004—2013 年我国累计装机容量

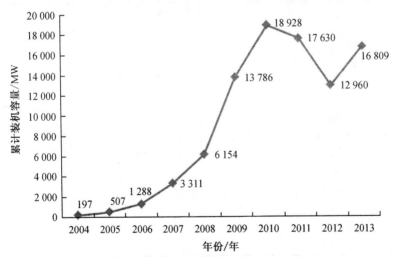

图 3-3　2004—2013 年我国新增装机容量

表 3-5   2013 年总装机容量前 10 位国家

国家	装机容量/MW	百分比/%
中国	91 412	28.7
美国	61 091	19.2
德国	34 250	10.8
西班牙	22 959	7.2
印度	20 150	6.3
英国	10 531	3.3
意大利	8 552	2.7
法国	8 254	2.6
加拿大	7 803	2.5
丹麦	4 772	1.5
其他	48 332	15.2
全球前 10 总计	269 773	84.8
全球总计	318 105	100

资料来源:《2014 中国风电发展报告》

表 3-6   2013 年新增装机容量前 10 位国家

国家	装机容量/MW	百分比/%
中国	16 088	45.6
德国	3 238	9.2
英国	1 883	5.3
印度	1 729	4.9
加拿大	1 599	4.5
美国	1 084	3.1
巴西	953	2.7
波兰	894	2.5
瑞典	724	2.1
罗马尼亚	695	2.0
其他	6 402	18.1
全球前 10 总计	28 887	82
全球总计	35 289	100

资料来源:《2014 中国风电发展报告》

3.3.2　风电场布局发展现状

从我国风电装机容量的增长趋势看,近几年的增长加速度无疑令人对我国风能资源开发的现状与未来感到振奋。但从区域层面看,我国风能资源的开发又表现出强烈的不均衡性。

2002 年全国仅有 11 个省建有风电场,到 2006 年增长到 15 个省,2007 年迅速增加到 21 个省,截止到 2013 年底,已有 31 个省、市、自治区(不含港澳台)建有风电场。风能资源开发在省域层面的拓展速度较快,风电场布局已从局部重点省份向风能资源可以利用的其他省份迅速展开。

2002 年,辽宁累计装机容量超过 100 MW,新疆、广东紧随其后;2003 年,辽宁、新疆累计装机容量超过 100 MW,内蒙古超过广东,位居第三;2004 年,内蒙古以 135 MW 领跑各省份,辽宁、新疆分列二三位;2005 年,新疆以 181 MW 重新跃居各省份之首,内蒙古、广东、辽宁、宁夏、吉林、河北的累计装机容量均超过 100 MW;2006 年,内蒙古以 509 MW 遥遥领先其他各省,河北后来居上,以 325 MW 超越其他传统风电大省,吉林、辽宁、广东、新疆的累计装机容量均突破 200 MW;2007 年,内蒙古率先突破 1 000 MW,吉林以 612 MW 次之,辽宁以 515 MW 位居第三,河北、黑龙江均超过 400 MW;2008 年,内蒙古以 3 735 MW 牢牢占据各省之首,辽宁、河北、吉林升至千兆瓦级行列;2009 年,内蒙古累计装机容量接近 10 000 MW,优势明显,河北、辽宁、吉林超过 2 000 MW,黑龙江、山东、甘肃、江苏、新疆超过 1 000 MW;2010 年,内蒙古率先突破 10 000 MW,达到 13 858 MW,甘肃、河北、辽宁则超过 4 000 MW,吉林、山东、黑龙江超过 2 000 MW(各省份近几年累计装机及新增装机容量数据见附录表 2、表 3)。可以看出,各省份开发风能资源的速度不尽相同,累计装机容量排序更迭频繁,风电场布局发展存在明显的不均衡。

从风能资源开发主要区域的横截面对比看,2002 年与 2003 年,西北、东北、华北、华东、华南五大区域的累计装机容量相对均衡;2004 与 2005 年,西北、东北地区累计装机容量增长相对较快;2005 年起,华北地区的累计装机容量增长最为迅速,东北与西北地区紧随其后(见图 3-4、图 3-5,数据见附录表 4、表 5)。

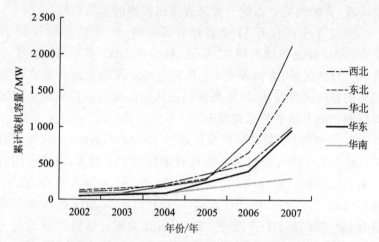

图 3-4　2002—2007 年我国各区域累计装机容量

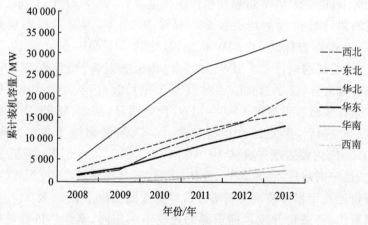

图 3-5　2008—2013 年我国各区域累计装机容量

从风能资源开发主要区域的历年趋势看,华北地区的增长速度最快,已经成为我国最为重要的风能资源开发区域;东北地区的增长态势较为稳定,逐年攀升,多年稳居第二,近期才被西北地区反超;西北地区是我国最早的风能开发区域,被华北、东北等区域超越多年后,最近又开始发力,位居第二;华东地区凭借丰富的沿海风能资源,表现出强劲的增长后劲,已经成为我国重要的风能资源开发区域之一;华南与西南地区由于风能资源相对较为贫乏,风电布局也相对较少较慢,在现有技术水平下,还不具备条件进行大规模的风电布局。

上述数据与图形显示,我国目前的风电布局基本以资源导向为主。风能资源越丰富,风电布局越多。但现有风电布局与经济发展中心存在一定的错位,并未很好地同时解决风力发电效率与经济发展中心的电力需求问题。随着风力发电技术的进步,以及对海上风电的重视,未来我国风电布局可能还会出现新的发展态势。

3.3.3　风电场投融资发展现状

虽然我国在 20 世纪 50 年代进行过风电机组的研制,并于 60—70 年代开始启动研制具有实用价值的新型风机,但真正进入商业化发展阶段,还是在 90 年代之后。从 90 年代初直至 1996 年,是我国并网风电的试点和示范阶段,这一阶段主要以国外的双边援助项目为主。由于当时的欧洲风电大国制定了通过对外援助支持风机出口的政策,德国、丹麦、荷兰和西班牙等国的援助项目对我国风电产业的起步起到了至关重要的作用。

1989 年 10 月,新疆达坂城利用丹麦海外援助资金,建成了当时亚洲第一的达坂城风电场(总装机 2 050 kW),是我国风电场投入商业化运行时间最长的机群。1995—1996 年,我国又利用德国政府推出的"黄金计划",获得了设备价格三分之二的赠款援助,实施了 6 个风电项目。可以说,我国风电发展初期的资金来源主要依赖欧洲风电大国的海外援助基金。

1997 年之后,中国政府实行了一系列风电发展扶持计划,极大地推动了我国的风能资源开发,同时也培育了一批具有较强实力的风电开发商。到 2009 年底,全国共有 50 多家风电投资开发企业。2013 年,中国华能集团公司、中国大唐集团公司、中国华电集团公司、中国国电集团公司、中国电力投资集团公司新核准开发建设项目容量为 15 250 MW,占全国当年新核准容量的 49.3%(见表 3-7)。

表 3-7　2013 年我国主要风电投资企业核准容量表

序号	投资企业	核准情况			
		2013 年新增/MW	占全国比例/%	2013 年累计/MW	占全国比例/%
1	国电	5 853.6	18.90	26 220.8	19.00
2	大唐	3 013.1	9.70	16 475.9	12.00
3	华能	2 780.9	9.00	16 049.1	11.70
4	华电	1 741.3	5.60	8 759.9	6.40
5	中广核	2 454.5	7.90	7 995.0	5.80
6	中电投	1 859.0	6.00	6 773.8	4.90
7	国华	832.0	2.70	5 838.7	4.20
8	华润	1 059.1	3.40	4 153.5	3.00
9	三峡	926.5	3.00	2 909.8	2.10
10	京能	498.0	1.60	2 495.5	1.80
11	天润	612.0	2.00	2 415.5	1.80
12	中国风电	905.5	2.90	2 351.0	1.70
13	河北建投	584.0	1.90	2 280.8	1.70
14	中节能	349.5	1.10	2 089.5	1.50
15	中水顾问	175.5	0.60	1 102.9	0.80
16	中国水电	272.7	0.90	819.7	0.60
17	国投	99.0	0.30	693.0	0.50
18	其他	6 935.5	22.40	28 225.1	20.50
	合计	30 951.6	100	137 649.4	100

资料来源:国家可再生能源信息管理中心

　　风电开发的"大跃进"已经使风电领域成为能源投资商的热土,从风电开发商来看,能源投资企业是最主要的参与主体。截至 2009 年底,在已经建成的风电装机中,能源投资企业的投资比例已高达 90%。其中,中央能源投资企业的比例超过了 80%,五大电力集团超过了 50%。其他地方国有投资商、民营和外资企业的投资比例总和还不到 10%。目前的风电开发几乎被中央企业所垄断,地方国有非能源企业、民营企业和外资企业大都被挡在行业之外,风电行业的投资壁垒极大地打击了民营企业和外资企业的投资热情。在现行制度下,风电开发注定将成为中央企业的舞台,拓展投资渠道、引入竞争机制也将最终成为中央企业之间的角逐。表 3-8 也清晰地反映出了各大开发商的并网装机容量,其中仍然鲜见民企与外企的身影。

表 3-8　2013 年我国主要风电投资企业并网情况表

序号	投资企业	2013 年新增装机/MW	2013 年累计装机/MW
1	国电	2 344.8	15 343.1
2	华能	1 044.3	9 385.5
3	大唐	1 176.5	8 885.6
4	中广核	1 905.0	4 863.1
5	华电	845.5	4 857.1
6	国华	1 001.2	4 147.4
7	中电投	1 362.5	4 092.7
8	华润	819.4	2 853.1
9	三峡	501.4	1 779.7
10	京能	1.5	1 698.3
11	其他	3 490.1	19 251.1
	合计	14 492.2	77 156.7

资料来源:国家可再生能源信息管理中心

虽然中央企业的雄厚财力与政治背景有助于确保风电开发资金的投入以及与地方政府关系的协调,在风能资源开发方面拥有得天独厚的先天优势,但中央企业体制的固有弊端势必会导致风电开发效率无法达到最优。各地风电项目仓促上马、投资规模论证不充分等现象时有发生,甚至出现"跑马圈风"、赔本赚吆喝等现象。部分中央能源企业进入风电行业,仅是为了满足可再生能源发电比例的强制性市场目标①。这些企业通过降低风电投标价获取风电项目开发权,再凭借强大的集团实力补贴微利甚至亏损的风电项目。风力发电作为其副业,显然缺乏足够的动力来提升风电开发效率。风电项目投资现状存在一定的隐患。

3.3.4 风电场运营现状

2006年后,为了促进风电产业的发展,国家发改委价格司制定了依据资源开发成本来确定电价的制度,核准了10多个省市、70多个风电项目的上网电价。2009年7月24日,国家发改委发布《关于完善风力发电上网电价政策的通知》,首次按照资源区设立风电标杆上网电价,将全国分为四类风能资源区,风电标杆电价水平分别为每千瓦时0.51元、0.54元、0.58元和0.61元。2009年8月1日以后,在四类资源区新建的陆上风电项目,统一执行所在风能资源区的风电标杆上网电价。四类风能资源区具体情况见表3-9。2009年国内部分风电场上网电价见表3-10。

---

① 《可再生能源中长期发展规划》要求发电装机容量超过500万kW的大型发电企业的可再生能源(不含水电)发电装机比例到2020年要占到8%。

表 3-9 2009 年全国风力发电标杆上网电价

资源区	标杆上网电价/ （元/kWh）	各资源区所包括的地区
一类风能 资源区	0.51	内蒙古自治区除赤峰市、通辽市、兴安盟、呼伦贝尔市以外的其他地区；新疆维吾尔自治区乌鲁木齐市、伊犁哈萨克族自治州、昌吉回族自治州、克拉玛依市、石河子市
二类风能 资源区	0.54	河北省张家口市、承德市；内蒙古自治区赤峰市、通辽市、兴安盟、呼伦贝尔市；甘肃省张掖市、嘉峪关市、酒泉市
三类风能 资源区	0.58	吉林省白城市、松原市；黑龙江省鸡西市、双鸭山市、七台河市、绥化市、伊春市、大兴安岭地区；甘肃省除张掖市、嘉峪关市、酒泉市以外的其他地区；新疆维吾尔自治区除乌鲁木齐市、伊犁哈萨克族自治州、昌吉回族自治州、克拉玛依市、石河子市以外的其他地区；宁夏回族自治区
四类风能 资源区	0.61	除一、二、三类资源区以外的其他地区

资料来源：国家发改委《关于完善风力发电上网电价政策的通知》

表 3-10 2009 年国内部分风电场上网电价

序号	风电场名称	上网电价/（元/kWh）
1	浙江苍南风电场	1.2
2	河北张北风电场	0.984
3	辽宁东岗风电场	0.915 4
4	辽宁大连横山风电场	0.9
5	吉林通榆风电场	0.9
6	黑龙江木兰风电场	0.85
7	上海崇明南汇风电场	0.773
8	广东汕尾红海湾风电场	0.743
9	广东南澳风电场	0.74
10	甘肃玉门风电场	0.73

序号	风电场名称	上网电价/(元/kWh)
11	海南东方风电场	0.65
12	广东惠来海湾石风电场	0.65
13	内蒙古锡林浩特风电场	0.65
14	广东南澳振能风电场	0.62
15	内蒙古朱日和风电场	0.609 4
16	内蒙古辉腾锡勒风电场	0.609
17	内蒙古商都风电场	0.609
18	新疆达坂城风电场一厂	0.533
19	新疆达坂城风电场二厂	0.533
20	福建东山澳仔山风电场	0.46

资料来源:根据中国风力发电网相关数据整理

在风电标杆上网电价确定之前,风电上网电价实行政府指导价,电价标准由国务院价格主管部门按照招标形成的价格确定。这表明我国开发建设风电场全部采取特许权形式来完成,即能源主管部门通过公开招标方式确定上网电价,由上网电价最低者中标。

招标形式确定上网电价存在很多技术问题,其中最主要的就是预期上网电价的确定。风电项目通过可研阶段的设计,基本能够推算出较合理的上网电价,但在招标确定电价的过程中,任何投标方均不可能将其投标电价在开标前提供给发改委,而且发改委在开标之前也很难拿到详细的测风资料。因此,发改委在评标过程中要花费大量的时间、人力和物力来辨析各方报价的合理性,从而导致电价制定过程中不确定性增加。

《关于完善风力发电上网电价政策的通知》明确将通过事先公布标杆电价水平,为投资者提供了一个明确的投资预期,鼓励开发优质资源,限制开发劣质资源,保证风电开发的有序进行。

该通知有利于改变风电价格机制不统一的局面,进一步规范风电价格管理,引导投资,鼓励降低成本、控制造价。项目造价越低、管理越好,收益就越高,激励风电企业不断降低投资成本和运营成本。此外,实行标杆电价也有利于减少政府行政审批。

由于风电的定价政策并不能完全公正地反映其目前所面临的电网接入的困难,因此电网企业不愿意接纳风电上网。一方面,风电价格相对于水电、煤电价格偏高,常常导致实际接入电网的电量达不到事先约定的数量。现有的风电价格确定机制和电力调度的规则也无法充分反映发电企业在电网安全运行过程中发挥的作用,如调峰和备用电源的使用。风电开发也受到了国家增值税制度的最新修改和来自 CDM 收入减少的不利影响。另一方面,虽然中国的《可再生能源法》明文规定要求电网企业收购可再生能源发电量,旨在使 2020 年达到可再生能源发电量占总发电量的 8%。然而在实践中,即使电网企业不接纳可再生能源发电也不会得到惩罚,政策对风电企业因此产生的损失也没有补偿。在这种条件下,电网企业既无压力也无动力积极接纳包括风电在内的可再生能源电力上网,使得《可再生能源法》中的规定因不具有可操作性而形同虚设,这也损伤了风电企业的积极性。风力资源的地理分布和电力负载之间的不匹配,使得风电并网和消纳问题逐步成为制约我国风电开发的关键因素,进而“弃风”现象较为严重(见表 3-11)。

表 3-11　2012 年全国重点省(区)风电“弃风”情况

序号	区域	弃风损失电量/亿 kWh	弃风率/%
1	蒙东	52.36	34.30
2	吉林	20.32	32.23
3	蒙西	60.99	26.03
4	甘肃	30.24	24.34
5	黑龙江	10.50	17.40

续表

序号	区域	弃风损失电量/亿 kWh	弃风率/%
6	辽宁	11.29	12.54
7	河北	17.65	12.48
8	云南	1.70	5.98
9	新疆	2.15	4.29
10	宁夏	0.47	1.22
11	山西	0.16	0.57
	全国	208.22	17.12

资料来源:《2013 中国风电发展报告》

因此,必须准确估算风电成本构成、制定最优电价,并在此基础上运用价格杠杆制定调动市场主体积极性的引导政策。可通过运用不同的电价以引导和鼓励企业在新增装机容量时配备灵活的调节性装机容量,增加电网企业的调度灵活性。同时,也可运用峰谷电价引导电力消费者使用电力,鼓励非高峰时段用电,减少电网企业削峰的压力。

3.4 本章小结

本章在全球风电产业迅猛发展的大背景下,讨论了世界风电累计装机容量与新增装机容量的增长趋势、风电设备制造业的发展态势,以及风电市场的发展动向,把握了世界风电发展的总体脉络。在分析我国风能资源禀赋的基础上,从装机规模、风电布局、风电投资、风电运营 4 个方面总结了我国风能资源开发现状的优劣。研究结论表明:

(1)我国风能资源开发与风电产业发展迅速,但与发达国家差距依然存在。

我国风电装机容量的井喷式发展轨迹,已经使我国的累计装

机与新增装机均跃居世界第一,完成了从后发者到领跑者的角色
转变;风电制造产业经过多年的奋起直追和政府保护,也完成了
从模仿者到竞争者的角色转变。2010 年 1 月,国家发改委颁发的
《关于取消风电工程项目采购设备国产化率要求的通知》取消了
风电设备国产化率要达到 70% 以上的要求,标志着国产风电设
备已经具备了与国外同类设备的竞争能力。但无论是风能资源
开发还是风电产业的发展,与风电传统强国的差距依然存在。国
外在风电政策环境、公共效益基金、风电成本控制、风电并网比
例、风电核心技术、风机市场份额、产品技术规范、产品质量寿命
等多个方面依然处于领先地位。我国的风能资源开发与风电产
业发展必须从外延式发展逐渐转向重视内涵的提升,防止发生风
电过剩危机。

　　(2) 我国风能资源丰富,但风电场选址不合理制约了风电产
能的利用。

　　我国地域辽阔、风能资源丰富,非常适合发展风电。目前风
电项目全面铺开,各地对风电项目的申报、建设投入了极大的热
情。但风能资源的特殊性、风电质量的不稳定性,决定了风电场
与负荷中心错位太多,进而因并网比例过低而导致风机空转。事
实上,目前我国的风电场选址布局,主要以资源导向为主。风电
场布局更集中于风力资源富集但经济欠发达的地区,远离电力负
载中心。当地的电网设施相对较差,缺乏对风电并网冲击的消化
能力,从而造成风电供应与电力需求的脱节。风能资源与需求市
场的逆向分布,最终导致风电产能"过剩"和电力短缺并存的尴尬
局面。

　　(3) 风电开发商实力雄厚,但投资主体单一制约了风电开发
效率的提升。

　　目前我国风电开发市场主要被中央能源企业瓜分,地方国有
企业、民企和外企参与度不高。虽然中央能源企业财力雄厚,能
够轻松应对大型风电项目的投资要求,但风电开发市场的投资主

体单一会导致市场缺乏竞争,开发商提升技术水平与管理水平的动力不足,又会影响风电开发效率的提升。目前风电项目的开发主要是通过风电特许权项目招标,风电市场竞争也主要体现在招投标环节。中央能源企业可以凭借强大的集团实力,降低风电报价,通过较低的甚至非理性的价格获取风电项目,从而给其他投资主体设置较高的进入门槛。今后的风电开发应该适当修正相关制度,拓宽投融资渠道,引入多元投资主体,加大市场竞争的力度与公正度。

(4)风电场运营境况日趋改善,但诸多因素的制约仍无法改变其脆弱性。

针对前阶段风电场运营状况较差、风电并网比例低、风机闲置情况严重等现象,国家越来越重视风电场运营阶段的扶持与保护。2009年通过的《可再生能源法修正案》把电网"全额收购"风电改为"国家实行全额保障性收购",防止电网以电网安全为由拒绝风电并网。2011年实施的《可再生能源发展"十二五"规划》也将重点解决大型风电基地等可再生能源并网瓶颈问题。目前,风电场运营的外部环境与自身盈利能力已经得到了大幅改善。但相关政策的实施仍无法改变风力发电的波动性、间歇性、不规则性,大规模风电并网仍会对电网的安全与调度带来极大的挑战。现阶段既要对风电项目实施补贴等扶持政策,加快其成长速度;也要敦促风电项目切实控制发电成本,降低风电价格,增强电价竞争力,尽快摆脱政策扶持而具备独立生存能力;更要加快技术革新力度,从风电特性的根源入手,解决风电并网的技术难题。

第4章　风能资源开发的最优宏观选址研究

本章研究风能资源储量与电力需求耦合度较差背景下的风电项目最优选址问题。首先,利用 GIS 技术对风能资源分布图和电力消费区域图进行耦合分析,确定风电项目开发价值较大的若干区域。其次,设计较为完整合理的风电项目选址指标体系,并通过构建层次分析方法(AHP)与投影寻踪评估法(PPE)的组合模型 AHP-PPE 对所确定的若干区域的选址价值进行综合评价。

4.1　风能资源开发宏观选址区域设计

风能资源的开发首先面临在哪里开发的问题,即风力发电场的选址问题。风力发电和常规能源发电一个最大的区别在于发电动力是否可运输性。火力发电的电源选址普遍远离电煤产地,向用电负荷中心偏移,通过电煤运输解决发电动力与发电场所的空间分离,以最大限度地满足输电和用电效率。而风能资源虽然是一种可以捕捉且储量巨大的能源资源,但其不可运输和即地利用的特性,决定了风能资源的利用必须在其储地进行现场开发。也就是说,资源规划理论认为可将流动的生产要素配置到不能流动的自然资源要素或其他社会要素所在的地理区位上,通过要素的配置和组合以实现有效的生产力。

同时,我国风能资源的分布和用电负荷的分布又存在较为明显的逆向分布。地广人稀的西部和北部区域的风能资源储量极其丰富,但经济水平较为落后,用电量较低;而经济发展速度较快的东部和中部地区的风能资源储量相对较差,风能可利用地区仅为部分沿海狭长地带,风力发电效率要逊于风能资源更为丰富的西部和北部地区。因此,如果仅从资源规划的地理因素看,将风能资源开发的选址侧重于风能资源更丰富的地区,那么可能面临当地电力消费能力差,或者电网条件和电网建设环节制约输电效率等一系列次生问题。

在我国特有的风能资源分布和电力消费区位分布的双重约束下,风电项目的开发选址就面临一个两难的困境:侧重发电效率,势必牺牲用电效率,反之亦然。本节的研究目标就是在综合考虑发电侧和需求侧约束的基础上,确定风电项目开发选址价值较大的区域作为备选方案。利用地理信息技术,对风能资源储量的分布图谱与用电负荷的分布图谱进行耦合,可以有效实现上述目标。

4.1.1 风能资源分布图谱

风能资源和传统能源资源在资源存储状况和品位丰度影响后续开采方面存在一定的相似性,即资源状况会影响资源的开发难易程度、开发效率、开发成本、使用效率、市场供需关系等因素。反映风能资源是否丰富、是否具有开发价值的主要指标包括:年平均风速、有效风能功率密度、有效风能利用小时、容量系数等。这些指标越大,表明风能资源越丰富,风能资源的开发难度越低,其开发价值也越高。其中,风速指标用以衡量风能的大小,风能功率密度指标用以衡量可利用的风能大小与潜力,风能可利用小时指标用以衡量累计可发电时间的长短,容量系数指标用以衡量风机实际能得到的平均输出功率与额定功率之比的大小。这 4 个指标分别反映了风能资源状况的不同方面,宏观判断某地区是否具备风能开发价值必须以综合考虑上述 4 要素为基础,对 4 要素的重大偏颇很可能会导致风能资源利用效率低下,达不到预期开发效果。

第三次全国风能资源普查之后,对我国风能资源的分布和储量有了更新更全面的把握,中国气象局、国家气候中心等有关部门也以分布图的形式公布了相关的普查结果。本书利用全国平均风速分布图(见附录图 1)、中国有效风功率密度分布图(见附录图 2)、中国全年风速大于 3 m/s 小时数分布图(见附录图 3)，对我国风能资源宏观分布的区位特征进行度量。又考虑到单一要素的片面性，决定对上述 3 幅图进行同位叠加，在同一张图上同时表征风能资源的 3 个方面特性，可以更加直观地判断风能资源的综合状况。

利用 GIS 技术的支持，配合使用美国 ESRI 公司出品的地理信息系统软件 ArcGIS 9.0 和美国 ERDAS 公司开发的遥感图像处理系统软件 ERDAS IMAGINE 9.1 对风速分布图、有效风功率密度分布图和风速大于 3 m/s 小时数分布图进行叠加，具体步骤如下。

(1) 影像配准。

将 3 幅初始图片影像添加到 ArcMap 中进行影像校正与配准，取消软件自动修正功能，而在图上精确找到多个控制点，并输入这些点的实际坐标位置，进行更新后获得其真实坐标，从而对影像进行校准。

(2) 图层矢量化。

在 ArcGIS 9.0 中，新建面元图层，并设置面元图层可编辑，根据上述 3 幅初始图各自的区间值，划分出不同的面元区域。选择栅格图上的面元，对该面元区域进行识别，形成矢量图层。

(3) 添加属性表。

在面元图层属性表中添加组别(class)，根据各分布图的区间划分等级标准，将图层中的区域分为 4 个等级。

(4) 面元图层栅格化。

根据每个象元的赋值，运用工具箱中的 Polygon to Raster 工具，将面元图层转化为栅格图层，将栅格大小设为 1 000 m×1 000 m。并进行图层的投影转换，统一转换为 Krasovsky_1940_Albers 投影。

(5) 图层叠加。

在 ERDAS IMAGINE 9.1 中进行叠加建模，运用 conditional 函数完成图层叠加处理。叠加之后的综合分布如图 4-1 所示。

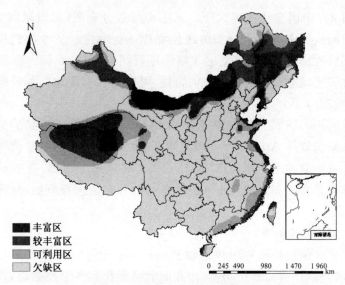

N

丰富区
较丰富区
可利用区
欠缺区

0 245 490   980   1 470 1 960
km

图 4-1　我国风能资源分布等级图

4.1.2　电力负荷分布图谱

电力消费市场的分布情况是风能资源开发需要考虑的另一个社会因素。电力负荷中心与风能资源开发中心偏离过多,容易造成长距离输电影响输电效率,电网建设滞后影响风电并网等不利局面。因此,采集各地区的电力消费数据,并利用 GIS 技术制成电力负荷的分布图,可以直观掌握我国的电力负荷中心的分布状况,为风能资源开发的宏观选址提供指导。

最理想的方案是获得全国各市的电力消费数据,形成更为精确的电力负荷分布图。但囿于数据的可获性,只能退而求其次,以各省的电力消费数据制成以省域为单位的电力负荷分布图。虽然各省内部的经济发展水平和电力消费情况并不均衡,甚至有的省份的电力消费分布相差巨大,但以省域为单位研究风电消费市场的容量大小和空间区位并不存在实质性的误差。为了尽量消除各省份某一年份电力消费数据可能与真实电力负荷情况出现的偏差,对各省份 2006—2008 年的电力消费数据取均值,以平均趋势反映各省份的电力负荷情况（具体见表 4-1）。

表 4-1　我国各省市电力消费情况

省市	电力消费量/亿 kWh	等级
广东	3 301.62	
北京、天津、河北*	3 112.48	
江苏	2 880.03	2 000 亿 kWh 以上
山东	2 531.69	
浙江	2 140.48	
河南	1 830.33	1 500～2 000 亿 kWh
四川、重庆*	1 596.85	
辽宁	1 333.26	
山西	1 253.32	
内蒙古	1 200.45	1 000～1 500 亿 kWh
上海	1 066.92	
湖南	1 020.32	
福建	1 005.65	
湖北	993.41	
安徽	763.32	
云南	740.19	
广西	673.80	
陕西	647.48	
黑龙江	645.63	
贵州	643.42	1 000 亿 kWh 以下
甘肃	609.61	
江西	505.38	
吉林	457.19	
宁夏	419.08	
新疆	417.46	
青海	282.13	
海南	111.29	

资料来源：《中国统计年鉴》(2007—2009)

注：由于行政区划和区域经济的原因，分别把北京、天津与河北，四川与重庆归为一类。

　　根据我国各省市电力消费情况表,制作省域电力消费等级图,为了与风能资源储量区划图中 4 个等级保持同步,在利用 GIS 技术对电力消费数据制作电力消费等级图时,也取 4 个等级。根据各省市的电力消费数据,分别以 1 000 亿 kWh、1 500 亿 kWh、2 000 亿 kWh 为分界点,将各省市划分为 1 000 亿 kWh 以下组别、1 000~1 500 亿 kWh 组别、1 500~2 000 亿 kWh 组别、2 000 亿 kWh 以上组别。分类情况见表 4-1,等级图见图 4-2。

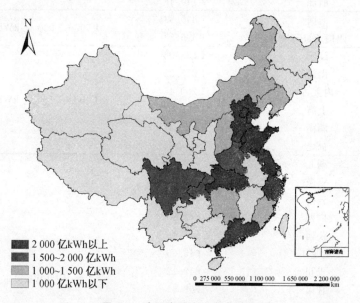

图 4-2　我国省域电力消费等级

4.1.3　风能资源开发宏观选址区域的备选方案

　　以我国风能资源分布等级图和我国省域电力消费等级图为母版图层,以省域为空间尺度单元,采用叠加分析法进行同位投影叠加。由于母版图层具有相同的坐标体系、坐标单位、投影方式和尺度单位,运用 ERDAS IMAGINE 9.1 可以轻松实现叠加分析。此外,我国风能资源分布等级图和我国省域电力消费等级图分别具有 4 个等级,需对两幅母版图层的叠加规则进行定义,以减少输出等级,使得叠加图同样具有 4 个等级。

叠加规则定义为:风能资源丰富区与电力消费等级 1 500～2 000亿 kWh 区、2 000 亿 kWh 以上区叠加为选址价值优异区;风能资源丰富区与电力消费等级 1 000～1 500 亿 kWh 区,风能资源较丰富区与电力消费等级 1 500～2 000 亿 kWh 区、2 000 亿 kWh 以上区,风能资源可利用区与电力消费等级 2 000 亿 kWh 以上区叠加为选址价值优良区;风能资源较丰富区与电力消费等级 1 000～1 500 亿 kWh 区,风能资源可利用区与电力消费等级 1 500～2 000 亿 kWh 区、1 000～1 500 亿 kWh 区叠加为选址价值一般区;风能资源欠缺区或者电力消费等级 1 000 亿 kWh 以下区叠加为选址价值欠缺区。最终叠加图谱见图 4-3。

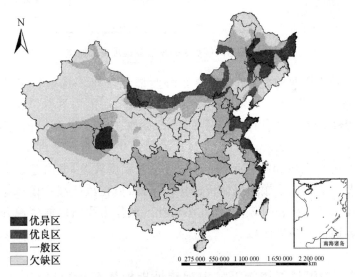

图 4-3 我国风能资源开发价值等级

根据图 4-3 的开发价值等级图,以及国家公布的风能资源开发规划和各地区风电场建设情况,选择出我国风能资源开发宏观选址的五大备选区域,分别为:西北地区、华北北部地区、东北地区、东部沿海地区、东南沿海地区(见图4-4)。

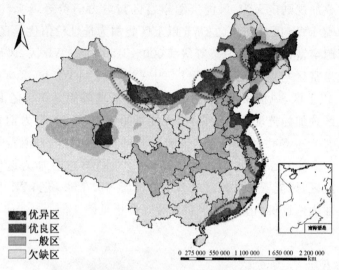

图 4-4　我国风能资源开发宏观选址备选区域

　　需要说明的是,图4-3中青海西部地区属于选址价值优异区,主要是因为该区域风能资源非常丰富,而电力消费情况以整个青海省为单位进行均匀分布表示,叠加之后形成了选址价值优异区。但该区域所处位置为柴达木盆地中心,自然条件恶劣,与人类活动区域相距较远,现有电网覆盖程度较差,电网建设成本较大。虽然该区域的风能资源比较丰富,但在该区域建设风电场的投入产出比相对较差,因此不将此区域作为我国风能资源开发宏观选址的备选区域。

4.2　我国风能资源开发宏观选址指标体系及量化方法

4.2.1　宏观选址指标体系的构建
人类生产活动区域中心的选择并非受主观偏好的完全驱使,

而与多种区位条件密切相关。早期生产活动受到土地因子、原材料因子的限制,近现代生产活动则更受能源因子、资本因子、劳动力因子、市场因子、信息因子的影响。风能作为一种重要而典型的新能源形式,其开发利用的生产活动表现出与其他一般生产活动有较大的差异。风能资源开发要比其他一般生产行为更受原材料的限制,即风能资源开发区域中心的选择更须考虑风能资源的分布状况。其他一般生产行为可以通过运输原材料的方式实现生产行为与原材料产地的分离,而风能资源的特性决定了风能资源开发的"资源导向型"模式。

我国风能资源分布的第二个特性是风况条件与当地经济发展水平基本呈逆向分布,即我国经济发展水平从东至西呈现出阶梯式递减态势,而风能资源最丰富的区域则分布在新疆、内蒙古、青藏高原等经济次发达甚至不发达地区。虽然渤海湾沿海、东部沿海及雷州半岛周围的风能资源也较为丰富,但可开发区域狭小、台风等极端天气频繁,风能资源开发效率和效果尚无法与西部、北部省份相比。资源与市场逆向分布的现状,形成了西部风能资源丰富、风电消费少、送电困难的同时,东部经济发达地区却存在电煤价格持续走高、电力短缺、错峰用电等现象。受我国风能资源分布、经济发展现状、国土地域等诸多因素的影响,目前我国风能资源开发的"资源导向型"模式,产生了风电"过剩"和火电紧缺并存的局面。可见,风能资源开发的宏观选择还应充分考虑电力消费市场因素的影响。

适宜风能资源开发的地区一般都位于草原、戈壁、海滩、海岛、山脊等风能资源较丰富的区域,地势偏远、远离主要交通干线。而风机塔架、叶片、齿轮箱、发电机等设备具有超长、超宽、超高、超重等特征,对运输时间、运输成本、运输风险等都提出了极大地挑战。风机额定功率为 1.5 MW 的叶片半径和轴高分别达到 70 m 和 100 m,额定功率为 5 MW 的叶片半径和轴高更是达到115 m 和 115 m。虽然混合式风力发电机改进了直驱式风力发电机重量和尺寸较大的缺点,但由于塔架高度的上升和叶片半径的增大能够有效提高风能资源捕获量和发电效率,风机设备超高超宽等特征在短期内肯定无法消除。风电设备制造企业向风能资源较丰富区域聚集是降低运输成本、提高项目建设效率的有效措施。位于新疆乌鲁木齐的我国风机集成制造最为成功的金风科技股份有限公司,就是最典型的例证。

虽然近年来我国风电装机容量得到了迅猛发展,已从 2000 年的 341.6 MW 发展到 2013 年的 91 413 MW,但依然处于探索风电产业发展规律、调整风电产业发展模式的初级阶段。国家陆续出台了《关于风电建设管理有关要求的通知》、《可再生能源法》、《可再生能源发电价格和费用分摊管理试行办法》、《中国可再生能源中长期发展规划》、《可再生能源发展"十一五"规划》、《中国风电产业发展战略》等一系列与风电发展息息相关的政策法规和发展规划,多个省份也陆续自主制定了风力发电"十一五"及 2020 年远景目标。风电特许权项目、清洁发展机制(CDM)项目、长期保护性电价、分区域标杆电价等诸多政策措施有力促进了我国风力发电的发展进程,同时也说明了尚处于初级发展阶段的风力发电对于激励政策、金融扶持政策的依赖性。

因此,风力发电的多种特殊属性,决定了风能资源开发宏观选址主要应考虑风能资源分布、电力负荷区位、配套设备制造、政府重视程度等因素(见图 4-5)。根据上述四个方面,分别从资源条件、消费能力、制造能力、保障能力 4 个角度,设计风能资源开发宏观选址指标体系(见表 4-2)。

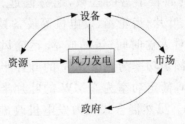

图 4-5　风力发电影响因素关系

表4-2　我国风能资源开发宏观选址指标体系

目标层	准则层	指标层
风能资源 开发宏观选址	资源条件	年平均风速、有效风能功率密度、有效风能利用小时数、极端气候频率、土地状况
	消费能力	辐射区电力消费量、辐射区电力净输入量、辐射区经济发展水平、辐射区高耗能产业发展状况、辐射区居民生活水平
	制造能力	风电科研能力、现有制造水平、零部件配套能力、交通运输条件、电网建设投资水平
	保障能力	风电激励政策、金融扶持政策、政府重视程度、投资环境、居民环保意识

（1）资源条件。

① 年平均风速

年平均风速是一年中各次观测的风速之和除以观测次数，是最直观简单表示风能大小的指标之一。一般要求风电场建设地10 m高处的年平均风速至少为6 m/s，此时风能资源才有开发价值。

② 平均风能密度

平均风能密度是一年中各次观测的通过单位截面积的风所含能量的平均值，是决定风能潜力大小的重要因素。一般来说，地势低、气压高、空气密度大，风能密度越高，风能潜力也越大。

③ 有效风能功率密度

有效风能功率密度是可利用的风能在"切入风速"到"切出风速"范围内的单位风轮面积上的平均风能功率。

④ 有效风能利用小时数

有效风能利用小时数是一年中风速在"切入风速"到"切出风速"范围内的可利用时间，是反映风电场全年累计可发电时间的重要指标。

⑤ 极端气候频率

风向飘忽不定和瞬时狂风等极端气候对风机的抗疲劳性能提出了很高的要求。极端气候的发生频率既影响正常的风力发电,也对风机寿命、维修成本有重要影响。

⑥ 土地状况

土地平整度和开阔度能够有效降低风速湍流,提高发电效率。土地区位条件也与征地难度、征地成本等因素相关。所以土地状况也是选择风能资源开发区域中心时应考虑的因素。

上述指标反映了在某一地区发展风电的可行性和经济性。

(2)消费能力。

① 辐射区电力消费量

较大的电力消费量能够为风电发展提供广阔的消费市场,从输出端保证风电发展的良性循环。辐射区电力消费量是除风能资源禀赋之外应重点考虑的因素。

② 辐射区电力净输入量

辐射区电力净输入量是衡量风能资源开发宏观选址辐射区内电力短缺的重要指标,有助于反映辐射区内风电发展的生存空间。辐射区内电力输入量越大,表明其在风能资源丰富的前提下发展风电的空间越大。

③ 辐射区经济发展水平

经济发展水平是决定能源消费数量和能源消费增长速度的最根本原因,有助于了解辐射区当期和未来的电力消费数量。为减少经济发达地区电力短缺造成的经济损失,降低电力配送的不确定性和经济成本,有必要在经济发达地区及其周边建设电厂以保证其经济社会的正常运行。因此,经济发展水平是促进电源建设的内在动力。

④ 辐射区高耗能产业发展状况

目前全国各地的电力短缺原因不尽相同,有相当地区属于结构性电力短缺。钢铁冶炼、电解铝等高耗能产业的集中布局及季节性生产高峰,导致局部区域的结构性短缺。风电发展不仅对于缓解辐射区结构性电力短缺有重要帮助,而且与高耗能产业的集聚对于发展非并网风电提供了广阔的市场。

⑤ 辐射区居民生活水平

居民生活用电也是电力消费结构的重要一极。居民可支配收入和生活水平的提高,极大地带动了居民用电需求,且呈现出明显的季节波动趋势。辐射区居民生活水平越高,对电力的需求也越大,风电发展的价值也越大。

上述指标反映了在某一地区发展风电的紧迫性和必要性。

(3) 制造能力。

① 风电科研能力

风电技术包含空气动力学、材料学、计算机控制、结构力学等多个学科领域,是多种高技术应用的综合体,与一般发电项目相比对技术支撑的要求更高。较强的风电科研能力有助于促进风电项目的技术支撑和管理水平,从而促进风电项目的发展。

② 现有制造水平

如何将涉及多个领域的风电技术用于制造加工,生产出优质的风电设备是考验我国机械设备的制造加工能力和工业基础,也是衡量一个地区的工业技术储备和风电发展潜力的指标。

③ 零部件配套能力

由于全国各地的自然条件各异,风沙、盐碱、水雾等自然气候对风机不同部位的寿命影响各异,风机设备的维修和更新是风电场运行的重要环节。且风机零部件又属超高、超长、超宽、超重设备,属地生产和运输对于降低成本、缩减维护时间有着重要影响,所以风机零部件配套生产能力也是选择风能资源开发宏观选址时应考虑的因素。

④ 交通运输条件

交通运输条件反映了风电设备的运输难易程度。铁路网络、江海河流、等级公路的运输能力和覆盖密度对于风电项目的建设以及后期维护,在运输成本、运输时间、运输风险等多个方面都有重要影响。

⑤ 电网建设投资水平

输配电网的建设水平反映了当地电网的接纳能力和运行稳定性,是风电项目建设不得不考虑的电力出口通道。相当部分的风电场有电送不出,与电网质量、电网企业的积极性都不无关系。发电、输电、配电厂网分开,电网建设投资高、周期长是不容回避的当下现实问题,现有电网建设水平和建设难易程度理应成为选择风能资源开发宏观选址时应考虑的重要因素。

上述指标反映了在某一地区发展风电的硬件配套能力。

(4) 保障能力。

① 风电激励政策

现阶段,我国风电成本居高不下导致风电价格过高,与常规电力相比没有任何市场竞争力可言,在很大程度上抑制了民间资本的投资积极性。到目前为止,我国风电产业的生存和发展相当依赖国家政策的扶持。良好的政策环境能够有效地实现电价联动机制,提高风电的相对竞争力,能够降低风电设备的制造成本,降低风电项目的投资成本和运营成本,促进多种资本形式的投资热情,激励风电产业的健康发展。

② 金融扶持政策

风力发电与常规能源发电的另一个区别是风力发电无需后期燃料投入,初始投资巨大。目前风电行业初始投资额的80%都来自银行贷款,且依据目前的增值税率计算发现风电的税赋负担几乎是煤电的2.5倍[143]。因此,银行贷款期限和贷款利率对风电成本有较为直接和明显的作用,有效的金融扶持政策能够有效地促进风力发电的发展。风电项目贷款的可获得性、贷款利率的高低以及金融服务水平也就成为选择风能资源开发宏观选址时应考虑的重要因素。

③ 政府重视程度

虽然风能资源的开发归属国家层面的统一规划和部署,但是地方政府在风能资源评估、风电产业发展规划、风电项目论证申报、行政程序审批、配套设施建设、公众舆论引导等诸多方面起着非常重要的核心作用。可以说,当地政府的重视程度直接关系到风电项目发展的硬设施和软环境的建设,对于增强投资者信心、形成风电发展合力都有重要意义。

④ 居民环保意识

居民环保意识主要体现在风电项目征地、接受风电视觉听觉污染、消费绿色电力等方面,在接纳风电项目、增强发展风电事业信心方面有助于扩大群众基础和消费群体,这也是选择风能资源开发宏观选址时应考虑的人为因素。

上述指标反映了在某一地区发展风电的软件支撑条件。

4.2.2　宏观选址指标体系的量化及处理

4.2.1 从资源条件、消费能力、制造能力、保障能力 4 个层面将风能资源开发宏观选址的评价目标细化为多个角度的指标体系。上述指标体系基本能够满足科学性、系统性、独立性等构建原则,但可操作性也同样不容忽视。本节围绕该指标体系的可操作性,就如何量化展开论述。由于该指标体系包含定量、定性等不同量化方式的指标,其量化方式也分定量计算和专家打分两种形式。

(1) 资源条件。

年平均风速:根据中国气象局和国家气候中心公布的我国平均风速分布图,建立评语集(在层次分析软件 yaahp 中是九级评语),采用模糊原理和隶属度原则确定待评估区域的年平均风速高低的标度。

有效风能功率密度:根据我国有效风功率密度分布图,建立评语集。

有效风能利用小时数:根据我国全年风速大于 3 m/s 小时数

分布图,建立评语集。

极端气候频率:根据气象台记录的待评估区域出现风速大于17 m/s(相当于热带风暴级别以上)的狂风次数,并取最近3年的出现次数平均值作为极端气候的出现频率。

土地状况:利用地形地势的平坦或崎岖程度来衡量待评估区域的土地状况,并根据我国地形图,建立评语集。

(2)消费能力。

辐射区电力消费量:根据《中国能源统计年鉴》分地区电力消费量获得。

辐射区电力净输入量:根据《中国能源统计年鉴》地区能源平衡表中电力项目的外省(区、市)调入量和外省(区、市)调出量计算获得。

$$\text{辐射区电力净输入量} = \text{外省(区、市)调出量} - \text{外省(区、市)调入量}$$

辐射区经济发展水平:将待评估区域所在省份视为其电力辐射区,并以该省的地区生产总值衡量辐射区经济发展水平。

$$\text{辐射区经济发展水平} = \text{待评估区域所在省份GDP}$$

辐射区高耗能产业发展状况:选择公认的石油加工业、化学制品制造业、非金属矿物制品业、黑色金属冶炼业、有色金属冶炼业等5个行业为高耗能产业,以待评估区域所在省份的上述5个行业的工业总产值来衡量辐射区高耗能产业的发展状况。相应数据通过相关省份统计年鉴的全社会用电情况分类表查得。

$$\text{辐射区高耗能产业发展状况} = \text{待评估区域所在省份石油加工、炼焦及核燃料加工业总产值} + \text{化学原料及化学制品制造业总产值} + \text{非金属矿物制品业总产值} + \text{黑色金属冶炼及压延加工业总产值} + \text{有色金属冶炼及压延加工业总产值}$$

辐射区居民生活水平:以待评估区域所在省份的城镇居民生活消费支出来衡量辐射区居民生活水平。相应数据通过相关省份统计年鉴的人民生活水平情况表查得。

辐射区居民生活水平＝待评估区域所在省份城镇居民生活消费支出

（3）制造能力。

风电科研能力：用风电科研人员总数占所有风电行业从业人员总数的比例来衡量风电科研能力。

现有制造水平：用待评估区域所在省份的制造业的产值比例来衡量其制造水平。相应数据通过相关省份统计年鉴的规模以上工业企业产销总值表查得并做相应计算。

$$现有制造水平＝\frac{该区域制造业产值}{该区域总产值}$$

零部件配套能力：用待评估区域内风电设备配套生产厂商的数量来衡量其零部件配套能力。相应数据通过中国农业机械工业协会风能设备分会公布的 2009 年全国最新风力发电装机企业基本情况统计表获得。

零部件配套能力＝待评估区域风电设备配套生产厂商的数量

交通运输条件：用待评估区域所在省份的铁路、等级公路里程的区域密度衡量其交通运输条件。相应数据通过相关省份统计年鉴的交通运输业基本情况表查得并做相应计算。

$$交通运输条件＝\frac{该区域所在省份铁路里程＋等级公路里程}{该区域所在省份土地总面积}$$

电网建设投资水平：用待评估区域所在省份的电力投资占地区生产总值的比例来衡量其电网建设投资水平。相应数据通过中国能源统计年鉴分地区电力投资表查得。

$$电网建设投资水平＝\frac{该区域所在省份电力投资额}{该区域所在省份地区生产总值}$$

（4）保障能力。

风电激励政策：用待评估区域风电上网标杆价来衡量其风电激励政策。相关数据通过发改委文件查得。

风电激励政策＝待评估区域风电上网标杆价

金融扶持政策：以待评估区域银行对风电项目贷款利率与正

常利率相比的优惠幅度来衡量其金融扶持政策。

金融扶持政策＝待评估区域风电项目贷款利率－正常贷款利率

政府重视程度：根据模糊原理和隶属度原则，建立评语集，由专家打分确定待评估区域政府对发展风电的重视程度。

居民环保意识：同样根据模糊原理，建立评语集，由专家打分确定待评估区域居民环保意识的程度。

（5）指标的标准化处理。

由于构建的指标体系属于定量指标与定性指标的复合型指标体系，且定量指标的量纲或数量级也不尽相同，整个指标体系的可比性相对较差，所以有必要对指标体系进行相应的转换和标准化处理。根据指标的性质不同，大致可以分为 3 类：有的指标属于"愈大愈优型"，如风电科研能力、现有制造水平等；有的属于"愈小愈优型"，如极端气候频率等；还有的指标属于"愈中愈优型"，如交通运输条件等。针对上述不同类型指标，可分别采用如下标准化方法进行处理。

"愈大愈优型"指标的标准化处理公式：

$$x_{ij}^* = \frac{x_{ij} - x_{j\min}}{x_{j\max} - x_{j\min}}$$

"愈小愈优型"指标的标准化处理公式：

$$x_{ij}^* = \frac{x_{j\max} - x_{ij}}{x_{j\max} - x_{j\min}}$$

"愈中愈优型"指标的标准化处理公式：

$$x_{ij}^* = \begin{cases} \dfrac{x_{ij} - x_{j\min}}{X_j - x_{j\min}}, & X_j \geqslant x_{ij} \\[2ex] \dfrac{x_{j\max} - x_{ij}}{x_{j\max} - X_j}, & X_j < x_{ij} \end{cases}$$

式中，$x_{j\max}$，$x_{j\min}$，X_j 分别表示第 j 列的最大值、最小值、公认水平值。

4.3　我国风能资源开发宏观选址的综合评价

综合评价方法(Comprehensive Evaluation Method)是运用多个变量对多个研究对象进行考量的方法,其基本思想是将多个变量组成的指标体系转化为一个能够反映研究对象综合情况的指标。这在社会、经济、管理等多个领域都有广泛的应用,能够实现全面、简洁的评价目的。目前流行的综合评价方法主要有数据包络分析法(DEA)、层次分析法(AHP)、人工神经网络法(ANN)、最大熵值法(Maximum Entropy)、灰色聚类法(Grey Cluster)、模糊综合评价法(Fuzzy Synthetic Evaluation)、关联矩阵法(Relational Matrix Analysis)等。不同的评价方法其技术特点、适用性、局限性也各有区别。

风能资源开发的宏观选址是一项涉及自然、经济、社会、环境等多个领域的重大决策。对宏观选址的价值判断构建的指标体系涵盖了上述多个领域,并包含大量定量和定性指标,且目标层次复杂、属性多样,运用单一的综合评价方法不一定能够有效地进行判断识别。考虑到风能资源开发宏观选址过程中存在的科学性和模糊性,选择层次分析法(AHP)和投影寻踪评价法(PPE)进行综合评价,以发挥层次分析法的专家主观作用和投影寻踪评价法的客观作用,从而实现优势互补,提高评价精度。

4.3.1　基于 AHP 模型的综合评价

层次分析法(Analytic Hierarchy Process,简称 AHP)是美国匹兹堡大学的运筹学家 Saaty 教授提出的一种定性与定量研究相结合的系统化、层次化的多目标决策分析方法。该方法首先将研究对象逻辑化、层次化处理后,构造一个包含目标层、准则层、指标层的多层次递阶结构模型;并通过构造两两比较的判断矩阵来确定递阶结构模型中相邻层次元素间的相关程度,即计算相对权重;计算各层元素对目标层的组合权重,以确定递阶结构模型中最底层各元素对目标层的相关程度;结合指标权重和各方案的属性值对各方案进行综合评价。AHP 在研究多因素、多标准、多方案的综合评价问题时具有很强的解决能力,尤其在缺乏必要的相关数据、需要体现专家的经验判断的情况下具有明显优势。

层次分析法的主要步骤如下。

步骤 1　建立层次结构模型。

将有关因素按照属性自上而下地分解成若干层次,同一层各因素从属于上一层因素,或对上层因素有影响,同时又支配下层的因素或受到下层因素的影响。最上层为目标层(一般只有一个因素),最下层为方案层或对象层,中间可以有一个或几个层次,通常为准则层或指标层。当准则层元素过多(例如多于 9 个)时,应进一步分解出子准则层。

步骤 2　构造成对比较矩阵。

以层次结构模型的第 2 层开始,对于从属于(或影响)上一层每个因素的同一层诸因素,用成对比较法和 1～9 比较尺度构造成对比较矩阵,直到最下层。

步骤 3　计算(每个成对比较矩阵的)权向量并做一致性检验。

① 对每一个成对比较矩阵计算最大特征根 $\lambda_{\max}$ 及对应的特征向量(和法、根法、幂法等)。

$$W = \begin{bmatrix} W_1 \\ \vdots \\ W_n \end{bmatrix}$$

② 利用一致性指标 $C.I$、随机一致性指标 $R.I$ 和一致性比率 $C.R$ 做一致性检验。

$$C.I = \frac{\lambda_{\max} - n}{n - 1}, \quad C.R = \frac{C.I}{R.I}$$

③ 若通过检验(即 $C.R<0.1$ 或 $C.I<0.1$)则将上层求出权

向量 $\boldsymbol{W}=\begin{bmatrix}W_1\\\vdots\\W_n\end{bmatrix}$归一化之后作为下层层次 B_j 到上层层次 A_j 的权

向量(即单排序权向量)。

④ 若 $C.R<0.1$ 不成立,则需重新构造成对比较矩阵。

步骤4　计算组合权向量并作组合一致性检验——即层次总排序。

① 利用单层权向量的权值 $\boldsymbol{W}_j=\begin{bmatrix}W_1\\\vdots\\W_n\end{bmatrix}$,$j=1,\cdots,m$,构建组

合权向量表,并计算出特征根、组合特征向量、一致性。

② 若通过一致性检验,则可按照组合权向量 $\boldsymbol{W}=\begin{bmatrix}W_1\\\vdots\\W_n\end{bmatrix}$ 的表

示结果进行决策($\boldsymbol{W}=\begin{bmatrix}W_1\\\vdots\\W_n\end{bmatrix}$ 中,W_i 中最大者的最优),即

$$\boldsymbol{W}^*=\max\{\boldsymbol{W}|W_i\in(W_1,\cdots,W_n)^{\mathrm{T}}\}$$

③ 若未能通过检验,则需重新考虑模型或重新构造一致性比率 $C.R$ 较大的成对比较矩阵。

根据上述步骤对我国风能资源开发宏观选址进行综合评价,并利用 yaahp 进行相关计算,目标层评价结果见表 4-3,准则层评价结果见表 4-4 至表 4-7,指标层评价结果见表 4-8 至表 4-27,最终评价结果见表 4-28。

表 4-3   风能资源开发宏观选址指标矩阵

判断矩阵一致性比例：0.001 9；对总目标的权重：1.000 0

风能资源开发宏观选址指标	资源条件	消费能力	制造能力	保障能力	W_i
资源条件	1.000 0	1.491 8	3.320 1	4.953 0	0.468 3
消费能力	0.670 3	1.000 0	1.822 1	2.718 3	0.284 0
制造能力	0.301 2	0.548 8	1.000 0	1.491 8	0.148 3
保障能力	0.201 9	0.367 9	0.670 3	1.000 0	0.099 4

表 4-4   资源条件指标矩阵

判断矩阵一致性比例：0.003 9；对总目标的权重：0.468 3

资源条件	年平均风速	有效风能功率密度	有效风能利用小时数	极端气候频率	土地状况	W_i
年平均风速	1.000 0	0.818 7	1.221 4	1.822 1	4.055 2	0.264 4
有效风能功率密度	1.221 4	1.000 0	1.491 8	2.225 5	4.953 0	0.322 9
有效风能利用小时数	0.818 7	0.670 3	1.000 0	1.491 8	2.225 5	0.199 8
极端气候频率	0.548 8	0.449 3	0.670 3	1.000 0	1.822 1	0.139 4
土地状况	0.246 6	0.201 9	0.449 3	0.548 8	1.000 0	0.073 5

表 4-5　消费能力指标矩阵

判断矩阵一致性比例:0.012 9;对总目标的权重:0.284 0

消费能力	辐射区电力消费量	辐射区电力输入量	辐射区经济发展水平	辐射区高耗能产业发展状况	辐射区居民生活水平	W_i
辐射区电力消费量	1.000 0	0.818 7	1.491 8	1.491 8	2.718 3	0.253 2
辐射区电力输入量	1.221 4	1.000 0	2.225 5	1.822 1	2.718 3	0.309 3
辐射区经济发展水平	0.670 3	0.449 3	1.000 0	1.491 8	2.718 3	0.191 4
辐射区高耗能产业发展状况	0.670 3	0.548 8	0.670 3	1.000 0	1.822 1	0.156 7
辐射区居民生活水平	0.367 9	0.367 9	0.367 9	0.548 8	1.000 0	0.089 5

表 4-6　制造能力指标矩阵

判断矩阵一致性比例:0.012 6;对总目标的权重:0.148 3

制造能力	风电科研能力	工业制造水平	零部件配套能力	交通运输条件	电网建设投资水平	W_i
风电科研能力	1.000 0	1.491 8	1.822 1	2.718 3	2.225 5	0.329 4
工业制造水平	0.670 3	1.000 0	0.818 7	1.491 8	2.225 5	0.212 1
零部件配套能力	0.548 8	1.221 4	1.000 0	1.491 8	1.221 4	0.195 8
交通运输条件	0.367 9	0.670 3	0.670 3	1.000 0	0.818 7	0.126 1
电网建设投资水平	0.449 3	0.449 3	0.818 7	1.221 4	1.000 0	0.136 6

表 4-7　保障能力指标矩阵

判断矩阵一致性比例：0.002 5；对总目标的权重：0.099 4

保障能力	政府 重视程度	风电 激励政策	金融 扶持政策	居民 环保意识	投资环境	W_i
政府 重视程度	1.000 0	1.221 4	1.491 8	3.320 1	2.225 5	0.305 6
风电 激励政策	0.818 7	1.000 0	1.221 4	2.718 3	1.822 1	0.250 2
金融 扶持政策	0.670 3	0.818 7	1.000 0	2.718 3	1.822 1	0.221 9
居民 环保意识	0.301 2	0.367 9	0.367 9	1.000 0	0.548 8	0.085 0
投资环境	0.449 3	0.548 8	0.548 8	1.822 1	1.000 0	0.137 3

表 4-8　年平均风速指标矩阵

判断矩阵一致性比例：0.020 9；对总目标的权重：0.123 8

年平均风速	西北地区	东部沿海	东南沿海	华北北部	东北中部	W_i
西北地区	1.000 0	3.320 1	1.221 4	2.225 5	1.221 4	0.302 2
东部沿海	0.301 2	1.000 0	0.670 3	0.449 3	0.367 9	0.094 8
东南沿海	0.818 7	1.491 8	1.000 0	1.491 8	1.221 4	0.219 5
华北北部	0.449 3	2.225 5	0.670 3	1.000 0	1.000 0	0.172 6
东北中部	0.818 7	2.718 3	0.818 7	1.000 0	1.000 0	0.210 9

表 4-9　有效风能功率密度指标矩阵

判断矩阵一致性比例：0.009 7；对总目标的权重：0.151 2

有效风能 功率密度	西北地区	东部沿海	东南沿海	华北北部	东北中部	W_i
西北地区	1.000 0	2.225 5	1.491 8	0.670 3	0.670 3	0.201 4
东部沿海	0.449 3	1.000 0	0.548 8	0.301 2	0.301 2	0.087 0
东南沿海	0.670 3	1.822 1	1.000 0	0.818 7	0.818 7	0.178 6
华北北部	1.491 8	3.320 1	1.221 4	1.000 0	1.000 0	0.266 5
东北中部	1.491 8	3.320 1	1.221 4	1.000 0	1.000 0	0.266 5

表 4-10　有效风能利用小时数指标矩阵

判断矩阵一致性比例:0.001 1;对总目标的权重:0.093 6

有效风能 利用小时数	西北地区	东部沿海	东南沿海	华北北部	东北中部	W_i
西北地区	1.000 0	1.221 4	1.221 4	0.548 8	0.818 7	0.176 0
东部沿海	0.818 7	1.000 0	0.818 7	0.449 3	0.670 3	0.138 4
东南沿海	0.818 7	1.221 4	1.000 0	0.449 3	0.670 3	0.150 0
华北北部	1.822 1	2.225 5	2.225 5	1.000 0	1.491 8	0.320 7
东北中部	1.221 4	1.491 8	1.491 8	0.670 3	1.000 0	0.214 9

表 4-11　极端气候频率指标矩阵

判断矩阵一致性比例:0.024 5;对总目标的权重:0.065 3

极端 气候频率	西北地区	东部沿海	东南沿海	华北北部	东北中部	W_i
西北地区	1.000 0	2.225 5	3.320 1	0.449 3	0.670 3	0.201 6
东部沿海	0.449 3	1.000 0	2.718 3	0.449 3	0.670 3	0.140 6
东南沿海	0.301 2	0.367 9	1.000 0	0.201 9	0.367 9	0.065 8
华北北部	2.225 5	2.225 5	4.953 0	1.000 0	2.225 5	0.382 3
东北中部	1.491 8	1.491 8	2.718 3	0.449 3	1.000 0	0.209 8

表 4-12　土地状况指标矩阵

判断矩阵一致性比例:0.005 0;对总目标的权重:0.034 4

土地状况	西北地区	东部沿海	东南沿海	华北北部	东北中部	W_i
西北地区	1.000 0	3.320 1	4.055 2	0.818 7	2.225 5	0.314 7
东部沿海	0.301 2	1.000 0	1.491 8	0.246 6	0.818 7	0.102 7
东南沿海	0.246 6	0.670 3	1.000 0	0.201 9	0.670 3	0.077 6
华北北部	1.221 4	4.055 2	4.953 0	1.000 0	2.225 5	0.369 2
东北中部	0.449 3	1.221 4	1.491 8	0.449 3	1.000 0	0.135 8

表 4-13　辐射区电力消费量指标矩阵

判断矩阵一致性比例:0.002 1;对总目标的权重:0.071 9

辐射区 电力消费量	西北地区	东部沿海	东南沿海	华北北部	东北中部	W_i
西北地区	1.000 0	0.367 9	0.548 8	0.449 3	0.818 7	0.109 3
东部沿海	2.718 3	1.000 0	1.491 8	1.221 4	2.718 3	0.309 4
东南沿海	1.822 1	0.670 3	1.000 0	0.670 3	1.822 1	0.199 2
华北北部	2.225 5	0.818 7	1.491 8	1.000 0	2.225 5	0.263 6
东北中部	1.221 4	0.367 9	0.548 8	0.449 3	1.000 0	0.118 4

表 4-14　辐射区电力输入量指标矩阵

判断矩阵一致性比例:0.014 7;对总目标的权重:0.087 8

辐射区 电力输入量	西北地区	东部沿海	东南沿海	华北北部	东北中部	W_i
西北地区	1.000 0	0.201 9	0.301 2	0.449 3	0.548 8	0.068 3
东部沿海	4.953 0	1.000 0	1.822 1	3.320 1	4.953 0	0.429 8
东南沿海	3.320 1	0.548 8	1.000 0	2.225 5	4.055 2	0.276 8
华北北部	2.225 5	0.301 2	0.449 3	1.000 0	1.491 8	0.134 7
东北中部	1.822 1	0.201 9	0.246 6	0.670 3	1.000 0	0.090 3

表 4-15　辐射区经济发展水平指标矩阵

判断矩阵一致性比例:0.001 1;对总目标的权重:0.054 4

辐射区 经济发展水平	西北地区	东部沿海	东南沿海	华北北部	东北中部	W_i
西北地区	1.000 0	0.201 9	0.367 9	0.449 3	0.670 3	0.078 3
东部沿海	4.953 0	1.000 0	2.225 5	2.718 3	4.055 2	0.437 4
东南沿海	2.718 3	0.449 3	1.000 0	1.221 4	1.822 1	0.204 6
华北北部	2.225 5	0.367 9	0.818 7	1.000 0	1.491 8	0.167 5
东北中部	1.491 8	0.246 6	0.548 8	0.670 3	1.000 0	0.112 3

表 4-16　辐射区高耗能产业发展状况指标矩阵

判断矩阵一致性比例:0.003 2;对总目标的权重:0.044 5

辐射区高耗能产业发展状况	西北地区	东部沿海	东南沿海	华北北部	东北中部	W_i
西北地区	1.000 0	0.201 9	0.818 7	0.449 3	0.670 3	0.092 3
东部沿海	4.953 0	1.000 0	4.055 2	2.225 5	2.718 3	0.439 2
东南沿海	1.221 4	0.246 6	1.000 0	0.449 3	0.818 7	0.108 3
华北北部	2.225 5	0.449 3	2.225 5	1.000 0	1.822 1	0.222 5
东北中部	1.491 8	0.367 9	1.221 4	0.548 8	1.000 0	0.137 7

表 4-17　辐射区居民生活水平指标矩阵

判断矩阵一致性比例:0.005 4;对总目标的权重:0.025 4

辐射区居民生活水平	西北地区	东部沿海	东南沿海	华北北部	东北中部	W_i
西北地区	1.000 0	0.449 3	0.548 8	0.670 3	0.818 7	0.125 3
东部沿海	2.225 5	1.000 0	1.221 4	1.491 8	2.718 3	0.302 2
东南沿海	1.822 1	0.818 7	1.000 0	1.491 8	2.225 5	0.257 5
华北北部	1.491 8	0.670 3	0.670 3	1.000 0	1.822 1	0.194 6
东北中部	1.221 4	0.367 9	0.449 3	0.548 8	1.000 0	0.120 4

表 4-18　风电科研能力指标矩阵

判断矩阵一致性比例:0.009 3;对总目标的权重:0.048 8

风电科研能力	西北地区	东部沿海	东南沿海	华北北部	东北中部	W_i
西北地区	1.000 0	0.818 7	2.225 5	0.548 8	0.818 7	0.182 4
东部沿海	1.221 4	1.000 0	2.225 5	0.818 7	1.221 4	0.231 9
东南沿海	0.449 3	0.449 3	1.000 0	0.449 3	0.670 3	0.108 5
华北北部	1.822 1	1.221 4	2.225 5	1.000 0	1.822 1	0.294 8
东北中部	1.221 4	0.818 7	1.491 8	0.548 8	1.000 0	0.182 4

表 4-19　工业制造水平指标矩阵

判断矩阵一致性比例:0.003 9;对总目标的权重:0.031 5

工业制造水平	西北地区	东部沿海	东南沿海	华北北部	东北中部	W_i
西北地区	1.000 0	0.449 3	0.548 8	0.449 3	0.818 7	0.116 8
东部沿海	2.225 5	1.000 0	1.491 8	1.221 4	2.225 5	0.293 2
东南沿海	1.822 1	0.670 3	1.000 0	0.818 7	1.822 1	0.212 9
华北北部	2.225 5	0.818 7	1.221 4	1.000 0	1.491 8	0.240 0
东北中部	1.221 4	0.449 3	0.548 8	0.670 3	1.000 0	0.137 1

表 4-20　零部件配套能力指标矩阵

判断矩阵一致性比例:0.008 6;对总目标的权重:0.029 0

零部件配套能力	西北地区	东部沿海	东南沿海	华北北部	东北中部	W_i
西北地区	1.000 0	0.449 3	0.818 7	0.548 8	0.670 3	0.126 3
东部沿海	2.225 5	1.000 0	1.822 1	1.221 4	2.225 5	0.304 6
东南沿海	1.221 4	0.548 8	1.000 0	0.548 8	0.670 3	0.142 4
华北北部	1.822 1	0.818 7	1.822 1	1.000 0	1.822 1	0.259 5
东北中部	1.491 8	0.449 3	1.491 8	0.548 8	1.000 0	0.167 1

表 4-21　交通运输条件指标矩阵

判断矩阵一致性比例:0.012 6;对总目标的权重:0.018 7

交通运输条件	西北地区	东部沿海	东南沿海	华北北部	东北中部	W_i
西北地区	1.000 0	0.548 8	0.670 3	0.301 2	0.548 8	0.103 5
东部沿海	1.822 1	1.000 0	1.491 8	0.548 8	1.822 1	0.221 2
东南沿海	1.491 8	0.670 3	1.000 0	0.449 3	0.670 3	0.142 5
华北北部	3.320 1	1.822 1	2.225 5	1.000 0	2.718 3	0.372 1
东北中部	1.822 1	0.548 8	1.491 8	0.367 9	1.000 0	0.160 7

表 4-22　电网建设投资水平指标矩阵

判断矩阵一致性比例：0.010 4；对总目标的权重：0.020 3

电网建设 投资水平	西北地区	东部沿海	东南沿海	华北北部	东北中部	W_i
西北地区	1.000 0	2.225 5	2.718 3	1.221 4	1.822 1	0.320 4
东部沿海	0.449 3	1.000 0	1.221 4	0.670 3	1.221 4	0.162 3
东南沿海	0.367 9	0.818 7	1.000 0	0.818 7	1.221 4	0.149 8
华北北部	0.818 7	1.491 8	1.221 4	1.000 0	1.491 8	0.223 5
东北中部	0.548 8	0.818 7	0.818 7	0.670 3	1.000 0	0.144 0

表 4-23　政府重视程度指标矩阵

判断矩阵一致性比例：0.002 1；对总目标的权重：0.030 4

政府 重视程度	西北地区	东部沿海	东南沿海	华北北部	东北中部	W_i
西北地区	1.000 0	1.491 8	1.822 1	1.000 0	1.221 4	0.247 6
东部沿海	0.670 3	1.000 0	1.491 8	0.818 7	1.000 0	0.187 1
东南沿海	0.548 8	0.670 3	1.000 0	0.548 8	0.670 3	0.130 6
华北北部	1.000 0	1.221 4	1.822 1	1.000 0	1.491 8	0.247 6
东北中部	0.818 7	1.000 0	1.491 8	0.670 3	1.000 0	0.187 1

表 4-24　风电激励政策指标矩阵

判断矩阵一致性比例：0.000 0；对总目标的权重：0.024 9

风电 激励政策	西北地区	东部沿海	东南沿海	华北北部	东北中部	W_i
西北地区	1.000 0	1.822 1	1.822 1	1.221 4	1.491 8	0.278 8
东部沿海	0.548 8	1.000 0	1.000 0	0.670 3	0.818 7	0.153 0
东南沿海	0.548 8	1.000 0	1.000 0	0.670 3	0.818 7	0.153 0
华北北部	0.818 7	1.491 8	1.491 8	1.000 0	1.221 4	0.228 3
东北中部	0.670 3	1.221 4	1.221 4	0.818 7	1.000 0	0.186 9

表 4-25 金融扶持政策指标矩阵

判断矩阵一致性比例:0.014 0;对总目标的权重:0.022 1

金融扶持政策	西北地区	东部沿海	东南沿海	华北北部	东北中部	W_i
西北地区	1.000 0	0.548 8	0.670 3	0.818 7	1.000 0	0.153 6
东部沿海	1.822 1	1.000 0	1.221 4	1.491 8	1.822 1	0.279 8
东南沿海	1.491 8	0.818 7	1.000 0	0.670 3	0.818 7	0.180 2
华北北部	1.221 4	0.670 3	1.491 8	1.000 0	1.491 8	0.220 1
东北中部	1.000 0	0.548 8	1.221 4	0.670 3	1.000 0	0.166 3

表 4-26 投资环境指标矩阵

判断矩阵一致性比例:0.004 3;对总目标的权重:0.013 6

投资环境	西北地区	东部沿海	东南沿海	华北北部	东北中部	W_i
西北地区	1.000 0	0.246 6	0.367 9	0.367 9	0.670 3	0.082 1
东部沿海	4.055 2	1.000 0	1.491 8	2.225 5	2.718 3	0.360 8
东南沿海	2.718 3	0.670 3	1.000 0	1.491 8	2.225 5	0.251 7
华北北部	2.718 3	0.449 3	0.670 3	1.000 0	1.491 8	0.182 8
东北中部	1.491 8	0.367 9	0.449 3	0.670 3	1.000 0	0.122 5

表 4-27 居民环保意识指标矩阵

判断矩阵一致性比例:0.003 2;对总目标的权重:0.008 4

居民环保意识	西北地区	东部沿海	东南沿海	华北北部	东北中部	W_i
西北地区	1.000 0	0.449 3	0.670 3	0.670 3	0.548 8	0.123 6
东部沿海	2.225 5	1.000 0	1.491 8	1.822 1	1.221 4	0.286 3
东南沿海	1.491 8	0.670 3	1.000 0	1.491 8	1.000 0	0.207 9
华北北部	1.491 8	0.548 8	0.670 3	1.000 0	0.670 3	0.157 1
东北中部	1.822 1	0.818 7	1.000 0	1.491 8	1.000 0	0.225 2

表 4-28 风能资源开发宏观选址综合评价结果

备选区域	权重
西北地区	0.178 4
东部沿海	0.221 4
东南沿海	0.175 2
华北北部	0.247 4
东北中部	0.177 6

4.3.2 基于 PPE 模型的综合评价

投影寻踪(Projection Pursuit,简称 PP)是美国科学家 Kruskal 提出的用于分析和处理高维数据的新兴统计方法,尤其对非线性、非正态高维数据有较强的适应性和处理能力。其基本思想是运用统计学、应用数学、计算机等技术,将高维数据投影到低维(1～3 维)子空间,寻找能反映原高维数据结构或特征的投影,从而在低维度研究和分析高维数据。该方法具有鲁棒性、抗干扰性、高准确度等优点,在预测、遥感、导航、雷达、水文、图像处理、分类识别等领域得到了广泛应用,并派生出投影寻踪回归(PPR)、投影寻踪聚类(PPC)、投影寻踪密度估计(PPDE)、投影寻踪学习网络(PPLN)、投影寻踪评价(PPE)等多个方法。

投影寻踪评价方法(Projection Pursuit Evaluation,简称 PPE)借助于投影寻踪技术的降维特性,将各方案对应于评价指标体系上的高维数据阵简化为一维数据列,从而避免了高维数据的"维数灾难"可能造成的评价困难。投影寻踪评价方法的运用,可以使研究重心向评价指标体系的完整性和科学性倾斜,而无需顾虑反映研究方案更全面信息的高维数据的处理问题。通过构建更全面、更合理的评价指标体系,并准确地采集研究方案各项指标数据,再通过投影寻踪评价方法降维处理,从而以寻找最好的投影方向对各研究方案的优劣程度进行最优评价。

投影寻踪评价方法的主要步骤如下。

设评价指标体系中各指标值的样本集为$\{x_{ij}\,|\,i=1,2,\cdots,n;$ $j=1,2,\cdots,m\}$,其中 x_{ij} 为第 i 个样本的第 j 个指标值。

步骤 1 数据预处理。

对评价指标值做归一化处理,以消除各指标值之间的量纲差异,并统一各指标值的变化范围。

步骤 2 构建投影指标函数。

设 $\boldsymbol{\alpha}=(\alpha_1,\alpha_2,\cdots,\alpha_m)$ 为 m 维单位向量,即为各指标的投影方向的一维投影值,则第 i 个样本在一维线性空间的投影特征值 z_i 表达式为

$$z_i = \sum_{j=1}^{m} \alpha_j x_{ij} \tag{4-1}$$

在综合投影指标值时,要求投影值 z_i 的散布特征为疏密区分显著,即局部投影点尽可能聚集,整体上投影点团之间尽可能散开,从而形成若干个投影点团。基于此投影指标函数可以表达为

$$Q(\boldsymbol{\alpha})=S_z D_z$$

其中,S_z 为投影值 z_i 的标准差,即

$$S_z = \sqrt{\sum_{i=1}^{n}\left[z_i-\bar{z}\right]^2/(n-1)}$$

D_z 为投影值 z_i 的局部密度,即

$$D_z = \sum_{i=1}^{n}\sum_{k=1}^{n}(R-r_{ik})\cdot f(R-r_{ik})$$

$\bar{z}$ 为序列 $\{z_i\,|\,i=1,2,\cdots,n\}$ 的均值;R 为局部密度的窗口半径,与数据特性有关,其取值范围为

$$r_{\max}+\frac{2}{m}\leqslant R\leqslant 2m$$

通常可取 $R=m$;$r_{ik}=|z_i-z_k|$,$k=1,2,\cdots,n$;符号函数 $f(R-r_{ik})$ 为单位阶跃函数,当 $R\geqslant r_{ik}$ 时,函数值取 1,否则取 0。

步骤 3 估计最佳投影方向。

投影指标函数 $Q(\boldsymbol{\alpha})$ 随投影方向 $\boldsymbol{\alpha}$ 的变化而变化,当 $Q(\boldsymbol{\alpha})$ 取

最大值时,$\boldsymbol{\alpha}$ 方向最能反映数据结构特征的方向。即不同的投影方向反映不同的数据结构特征,最佳投影方向就是最大可能暴露高维数据某类特征结构的方向。因此,可通过求解投影指标函数最大化问题来估计最佳投影方向 $\boldsymbol{\alpha}^*$,即

$$\begin{cases} \max Q(\boldsymbol{\alpha}) = S_z D_z \\ \text{s. t.} \sum_{j=1}^{m} \boldsymbol{\alpha}^2(j) = 1, \boldsymbol{\alpha}(j) \geqslant 0 \end{cases}$$

步骤 4 优序排列与综合评价。

将得到的最佳投影向量 $\boldsymbol{\alpha}^*$ 代入公式(4-1)中,得到反映各评价指标综合信息的投影特征值 z_i^*。根据投影值 z_i^* 的大小进行排序,可以对样本的优劣性进行综合评价分析。

从投影寻踪方法的定义和操作步骤不难看出,运用该方法进行评价必须首先建立一个相关指标体系下的数据阵,从而对评价对象从客观的角度进行数据挖掘和评价分析。对我国风能资源开发的宏观选址进行客观评价,也涉及构建指标体系和采集数据的问题。而上节中对风能资源开发选址的层次分析评价指标体系相对宽泛,部分指标由专家主观分析判断即可获得相关运算数据。因此,对上节的指标体系进行适当地删减,既可以突出投影寻踪评价的相对客观性,也从一个相似指标体系出发评价宏观选址的价值,避免评价结果出现完全共性。删除土地状况、风电科研能力、金融扶持政策、政府重视程度 4 个指标,保留其他可以量化的 16 个指标。关于部分指标的量化方法和数据来源说明如下。

极端气候频率:主要是狂风对风机叶片的抗疲劳性能要求较高,狂风出现频率较高会影响风机寿命;沙尘暴等空气悬浮物较多的极端气候影响风机齿轮的润滑效果,并对风机寿命产生较大影响。本节主要检索了《中国气象灾害年鉴》中各评价区域出现热带气旋、龙卷风、沙尘暴的次数,并取 2007 年和 2008 年的均值,以修正误差。其中,沙尘暴对风机的影响要强于扬沙天气,故分别对热带气旋、龙卷风和沙尘暴的权重取 2,对扬沙气候的权

重取 1,进一步修正数据。

辐射区高耗能产业发展状况:根据国家公布的十大高耗能产业名录,以选址辐射区各省份的规模以上工业中石油加工炼焦及核燃料加工业、化学原料及化学制品制造业、非金属矿物制品业、黑色金属冶炼及压延加工业、有色金属冶炼及压延加工业等 5 个产业的总产值衡量高耗能产业的发展状况。

辐射区居民生活水平:以《中国统计年鉴》关于各地区城镇居民家庭平均每人全年消费性支出来衡量。

投资环境:外商投资与当地投资环境之间存在较高的相关性,以外资企业投资总额占 GDP 的比例来衡量投资环境具有较高的可行性。

居民环保意识:环保意识和行为主体的思想成熟度、文化层次等多个因素存在明显的正相关性,以 15 岁及以上人口的受教育率衡量居民环保意识具有一定的可行性。

对各指标进行量化后,数据阵见表 4-29。进行归一化处理后,利用投影寻踪评价方法对宏观选址价值进行评价分析。

表 4-29　风能资源开发宏观选址评价指标体系阵

	西北地区	华北北部	东北中部	东部沿海	东南沿海
年平均风速	2.5	3	4	2.5	5.5
有效风能功率密度	175	225	200	125	150
有效风能利用小时数	4 500	5 500	5 000	4 500	4 500
极端气候频率	7.5	8	10	18.5	15
辐射区电力消费量	2 207.03	5 262.21	2 605.58	9 306.41	4 656.55
辐射区电力净输入量	−542.84	223.14	157.11	1 165.17	813.03
辐射区经济发展水平	12 358.00	43 850.00	28 195.00	96 569.7	46 519.00
辐射区高耗能产业发展状况	6 124.57	19 893.07	9 694.39	49 101.87	9 048.62
辐射区居民生活水平	9 341.22	11 720.00	9 861.00	14 385.09	14 014.00
工业制造水平	1.11	1.38	1.45	2.04	1.73
零部件配套能力	7	22	14	26	8

续表

	西北地区	华北北部	东北中部	东部沿海	东南沿海
交通运输条件	0.08	0.37	0.35	1.27	0.75
电网建设投资水平	39.16	19.45	17.65	7.69	8.36
风电激励政策	0.51	0.54	0.58	0.61	0.61
投资环境	1.77	5.82	5.62	10.04	10.42
居民环保意识	0.89	0.95	0.96	1.00	0.94

在 Matlab 平台上执行投影寻踪方法,还涉及投影寻踪技术的算法编写问题。而基于实数编码的加速遗传算法(Real coding based Accelerating Genetic Algorithm,简称 RAGA)简化了投影寻踪技术的实现过程,克服了目前投影寻踪技术计算复杂、编程实现困难的缺点[144]。加速遗传算法实现的流程见图4-6。因此,本书采用基于实数编码的加速遗传算法的投影寻踪评价方法对我国风能资源开发宏观选址价值进行评价分析。

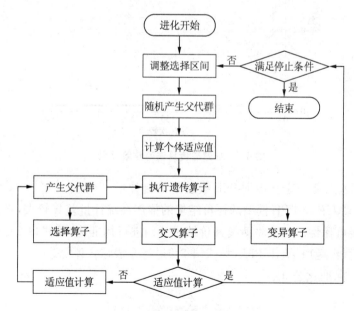

图 4-6　加速遗传算法流程

核心算法见附录,部分重要参数的设定如下:迭代次数 $K=$ 300,种群规模 $N=100$,变异概率 $Pm=0.3$,窗口半径系数 $\alpha=$ 0.1。

优化处理后,得到最佳投影方向 $\boldsymbol{\alpha}^* = (0.053\ 3, 0.590\ 9,$ $0.569\ 0, 0.617\ 8, -0.492\ 6, -0.204\ 2, -0.535\ 8, -0.112\ 8,$ $-0.592\ 4, -0.486\ 7, -0.623\ 0, 0.704\ 1, 0.114\ 1, -0.116\ 2,$ $-0.779\ 6, 0.449\ 9)$,样本投影值 $z_i^* = (1.520\ 3, 1.281\ 3, 1.043\ 6,$ $4.207\ 9, 1.011\ 4)$。

加速遗传算法的收敛过程如图 4-7 所示。

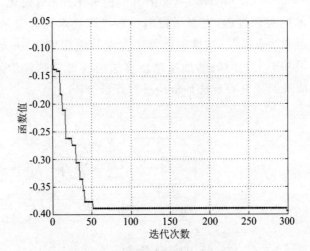

图 4-7　加速遗传算法的收敛过程

4.3.3　基于 AHP-PPE 模型的综合评价

AHP 与 PPE 模型的评价结果的描述性统计量差异较大,不具直接可比性。本节将两类评价结果分别进行标准化(见式(4-2))处理后,再运用 AHP-PPE(见式(4-3))进行合成综合评价。

标准化公式:

$$Z = \frac{Z^* - Z^*_{\min}}{Z^*_{\max} - Z^*_{\min}} \tag{4-2}$$

综合评价指数:

$$Z_{PPE\text{-}AHP} = \lambda Z_{PPE} + (1-\lambda)Z_{AHP} \qquad (4\text{-}3)$$

式中,Z^* 为单评价模型的原始评价值;Z_{PPE},Z_{AHP} 分别为 PPE 模型和 AHP 模型标准化后的评价值;$Z_{PPE\text{-}AHP}$ 为 AHP-PPE 组合评价的综合评价值;$\lambda \in [0,1]$ 为评价权重,根据风能资源开发的评价指标体系、数据质量、模型特点、专家意见等多个因素确定具体权重值。本书取 $\lambda = 0.5$。

根据标准化公式,可以求得风能资源开发宏观选址的综合评价结果向量分别为:$\mathbf{Z}_{AHP} = (0.044\,3, 0.639\,9, 0, 1, 0.033\,2)$,$\mathbf{Z}_{PPE} = (0.159\,2, 0.084\,4, 0.010\,1, 1, 0)$。根据 AHP-PPE 综合评价方法,计算得到风能资源开发宏观选址的最终综合评价指数向量为:$\mathbf{Z}_{PPE\text{-}AHP} = (0.101\,8, 0.362\,2, 0.005\,0, 1, 0.016\,6)$。

从上述综合评价结果向量不难发现,我国风能资源开发宏观选址的五大备选区域的开发价值从大至小分别为:东部沿海地区、华北北部地区、西北地区、东南沿海地区、东北中部地区。

东部沿海地区具有较丰富的风能资源和广阔的风电消费市场,其综合开发价值最高。东部漫长的海岸线和丰富的浅海辐射沙洲为发展陆基风电和离岸风电提供了独特的地理条件。仅以长三角地区为例,其陆上理论可开发储量为 53 GW(以地面 10 m 高度计算),技术可开发储量达 5.5 GW,占全国 1.5%;而海上风能资源理论可开发储量更是达到 180.4 GW(以海岸到近海 20 m 等深线以内计算),技术开发量为 115.9 GW[36]。从电力需求看,东部沿海地区是我国经济实力最强、能源短缺最明显的地区,也是风电消费市场最广阔、成长速度最快的地区。东部沿海地区的高新技术产业基础、人力资源储备、资本市场发育等方面具备的巨大优势,也为发展风电提供了良好的条件。发改委发布的《可再生能源中长期发展规划》和《可再生能源发展"十一五"规划》直接将苏沪沿海明确为风电建设重点区域,也很好地证明了其开发价值。

华北北部地区地势平坦、风能资源丰富、风能品位度高、风向风速稳定、灾害性气候少,风能资源技术可开发量居全国之首。从资源禀赋的角度看,华北北部地区非常适合开发风电。从地理区位看,华北北部地区东部融入东北经济圈,南部融入环渤海经济圈。东北振兴与东部率先发展两大区域板块的经济发展战略,为华北北部地区开发风能资源提供了巨大的电力消费市场。京津地区雄厚的智力、技术储备也为其发展风电产业提供了强大的支持。因京津地区沙尘天气的频发,华北地区的火电整治与生态保护必将得到重视,这也为其开发风能资源提供了政策保证。内蒙古已经按照"建设大基地,融入大电网"的原则,提出了打造"风电三峡"的战略目标。2007 年颁布的《可再生能源中长期发展规划》就明确提出要充分发挥"三北"(东北、西北、华北北部)地区的资源优势,建设大型和特大型风电场,可见其开发风能资源的战略地位。但风电大规模接入电网会严重降低电网的可靠性和负荷预测精度,影响电网的正常调度和运行,风电比例过高甚至会造成灾难性后果。华北北部地区的电源结构较为单一、调节能力有限,现有电网对风电大规模接入的承受能力还相对较差。如果能有效改善华北地区的电源结构和电网接纳能力,华北北部地区开发风能资源的战略价值还将进一步凸显。

西北地区是我国风能资源的另一个富集区。新疆风能资源理论储量已达到 957 GW,技术可开发储量为 234 GW;理论上全年可提供风电 27 673 $\times 10^8$ kWh,技术可开发风电为 6 771 $\times 10^8$ kWh。金风科技等国内知名的风电设备制造商为西部地区开发风能资源也提供了强大的技术支持和完备的后续服务。且中部崛起与西部开发两大区域经济战略板块也正成为西北地区开发风能资源的辐射区域。但近年来,西北地区的风能资源开发步伐逐渐放缓。新疆作为我国风电的先行者,2010 年累计装机容量仅位列第 6(见附录表 2),新增装机容量仅位列第 11(见附录

表3)。究其原因,主要是受当地电力消费市场狭小和并网条件欠缺的限制。中部与西部板块区域经济战略的提出,还未改变当地经济发展水平较低的现实,当前电力需求不大。且西部能源资源极其丰富,对消费大规模风电电力的现实需求和主观愿望都不强烈。加之西北地区地域辽阔、人口密度较低、电网覆盖率较低,还不具备大规模风电并网和电力输出的条件。以建设500 kV的输电线路为例,平均每百公里造价约3.5亿元。西北地区开发风能资源必须考虑配套电网工程项目的建设,也是制约其战略价值的重要因素。

东南沿海省份的内陆地区风能资源较为贫乏,而沿海的狭长地带的风能资源较为丰富。东南沿海地区海岸线占我国总海岸线长度的35%以上,仅福建与广东的海岸线之和就超过了7 000 km,陆地风能资源理论可开发量之和约42.33 GW,实际可开发量之和约3.32 GW。华南经济中心(包括港澳地区)与南方电网负荷中心为东南沿海发展大规模风电提供了支撑。且东南沿海地区丰富的海岸线资源,可以为大规模非并网高耗能产业(金属冶金、海水淡化、制氢制氧、氯碱化工等)的发展提供广阔的舞台。但东南沿海地区地形较为复杂,建设大型风电场的成本相对较大。且受太平洋台风、热带气旋等灾害性天气影响,风电设备抗强风、抗疲劳的性能要求较高,发展低成本风电具有一定的阻力。该地区人口密度高、土地资源稀缺,但海上与岛屿风能资源可以加以充分利用,大力发展近海风力发电。

东北地区既是国家规划的大力发展风电的“三北”地区之一,也是国家四大板块经济发展战略地区之一,同时具备丰富的风能资源储量与巨大的电力市场空间。东北地区理论可开发利用的风能资源储量为377.9 GW,占全国的11.71%,技术可开发储量为29.7 GW,占全国的11.74%。但东北地区风能资源的有效风能密度的空间分布差异较大、受地形影响较大、风能资源开发与风电产业的匹配程度低、风电场建设规模普遍偏小,诸多因素的限制还无法在短期内迅速发挥其风能资源的战略价值,还无法为东北振兴战略的实施提供强大的电力来源。东北地区应进行更为全面的风能资源技术可开发储量的调查与开发利用价值的评估,制定更为切实可行的风能资源开发及风电产业发展目标,重视风电技术创新、扩大装机容量、实现规模效应与良性循环。

4.4 本章小结

本章从风能资源开发环节中具有决定性意义的选址问题入手,考虑了风能资源开发的宏观选址是偏侧于风能资源禀赋还是偏侧于电力需求的两难困境,通过耦合风能资源分布与电力需求,确定风电项目最优选址的备选区域,并对其选址价值进行了综合评价,获得了指导风能资源开发宏观选址的最优方案。研究结论表明:

(1)利用地理信息技术进行空间耦合分析具有较高的精度。

风电项目的选址应考虑风能资源禀赋的多个方面,不能仅从年平均风速、有效风能功率密度、有效风能利用小时等单因素考虑其开发价值。运用地理信息技术对风能资源的多个特征进行空间叠加耦合,能够很好地解决上述问题。进一步对风能资源与电力消费图谱的叠加耦合,则能在平面空间上较为精确地确定风能资源与电力消费同步突出的区域,从而确定兼顾风能资源与电力需求的风电项目的备选区域。

(2)评价指标体系的构建,对风能资源开发价值的判断具有重要意义。

本章对风能资源开发价值的判定,综合考虑了主观评价与客观评价的优劣,试图通过取长补短的组合评价方式,更科学地衡量其价值。但无论是主观评价还是客观评价的实施,都建立在构建评价指标体系的基础之上。本章在考虑了指标的全面性、数据的可获性与计算的简洁性的基础上,从资源条件、消费能力、制造能力、保障能力 4 个方面构建了尽可能完备的评价指标体系，并严控数据质量，以期获得更为准确的评价结果。在今后的研究工作中，打算进一步完善此指标体系，或者运用更为科学合理的研究方法，深化对风能资源开发宏观选址问题的研究。

（3）东部沿海、华北北部、西北、东南沿海、东北中部地区的风电项目宏观选址价值呈递减趋势。

东部沿海地区以其漫长的海岸线、丰富的浅海辐射沙洲、巨大的电力消费市场、雄厚的技术资本实力，为发展陆基风电和离岸风电创造了极佳的条件。华北北部地区以其开阔平坦的地势、高度的风能品位、稳定的风向风速、丰富的风能资源储量以及东北与华北经济板块的支撑，为发展大型与超大型风电场提供了有利的条件。西北地区也以丰富的风能资源储量、广袤的地理空间以及中部与西部板块的潜在巨大需求，为发展大型甚至超大型风电场提供了机遇。东南沿海与东北地区都实现了丰富的风能资源与巨大的电力需求的高度耦合，为风能资源的开发奠定了坚实的基础。但本章对 5 个备选区域的宏观选址价值的判断，只是基于上述指标体系与现有状况的评判。如果华北北部地区能够解决其电源结构单一、电网接纳能力差等缺陷；西北地区能解决风电配套电网工程建设滞后、电力市场需求增长乏力等缺陷；东南沿海地区能够提升风机设备质量、应对灾害性天气、努力发展近海风电；东北地区能重视风电产业的协调发展、强化风电技术创新意识，则上述五大备选区域的风电开发价值将会得到更大的提升空间，风能资源开发的宏观选址价值排序也会出现较大的变动。

第 5 章　双重随机约束下风电项目最优投资及收益研究

本章探讨风速与需求双重随机不确定条件下,风电项目建设的最优投资规模及收益问题。根据风力发电技术公式和多随机不确定性理论,建立一个以运营期内收益最大化为目标函数,以风电装机规模为决策变量,包含服从 Weibull 分布的风速因素和服从正态分布的电力需求因素的决策模型。运用风险仿真优化软件 RISKOptimizer 对决策模型进行仿真模拟和算法寻优,并对比分析单随机约束因素作用下的仿真结果,探讨不同随机约束因素对仿真结果的灵敏性。

5.1　电源规划与风力发电不确定性

5.1.1　电源规划问题描述

电源规划是电力系统发展规划的重要构成部分,是在综合考虑发电技术可行性、发电成本合理性、电厂之间协调性的基础上,根据不同期限的用电负荷预测而进行的寻求满足规划区域内多目标电源建设方案的规划活动。从电源与电网的关系看,电源规划可分为电源电网联合规划和分布式电源规划。前者是在考虑现有电网覆盖和规划电源接入电网的基础上进行的电源规划,适用于现有输电网络较为强健,无需考虑线路扩建便可以满足任意电源扩建的方案[145]。但电网结构较弱的输电网络在接入新的规划电源时,需要考虑新接入电网的拓展成本,此时电源电网联合规划便不再适合。而后者以资源与环境效益最大化、以能源利用效率最优化为目标,在电力负荷附近规划模块化的、十千瓦级至百千瓦级的清洁环保且经济高效的发电设施。多个分布式发电接入配电网将对系统电压形态、网损、电压闪烁、谐波、短路电流、有功及无功功率、电路元件的热负荷、暂态稳定、动态稳定、电压稳定、频率控制等特性产生较大的负面影响。此外,由于分布式发电在系统中的分布具有较大的不确定性,其种类和规模的多元化将对整个系统的运行产生更大的不确定性。

从发电投资决策看,电力市场环境下的电源投资大致可分为3类:基于传统优化算法的规划方法;基于实物期权理论(Real Option Approach,简称 ROA)的规划方法;基于博弈论的规划方法。其中,第一类方法以最大化投资者的投资收益为目标,并将电源建设投资问题转换为优化问题,用传统最优化算法进行求解。该方法不再考虑传统电源规划模型中的一些约束条件,但新增考虑了市场环境下各种不确定因素对电源规划的影响。第二类方法考虑了发电投资过程中的多种不确定因素,改进了传统以净现值(Net Present Value,简称 NPV)判断衡量发电投资项目优劣存在的主观性较强和缺乏灵活性等缺陷。该方法成功应用于长期发电投资规划问题,并在分阶段投资期权、差价期权、延迟投资期权等多个方面得到了广泛的应用。第三类方法是在运用期权定价理论评估项目价值的同时,利用博弈论思想和方法,对电源建设项目的投资问题进行科学决策与管理,并用以研究发电投资从单一主体走向多元主体、从项目竞争转向规划竞争条件下的电力市场的长期均衡和效率问题。

5.1.2 风力发电不确定性分析

从发电动力的形成看,风能的形成比其他可再生能源更具间歇性特征。风的形成是由于太阳辐射造成地球表面受热不均,引起大气压力不均造成的空气运动。宏观上,由于地球上各纬度接受的太阳辐射强度、辐射时间都有较大差异,导致高纬度和低纬度地区之间的温度差异较大,形成气压梯度,促使空气做水平运动。其次,地球自转会使空气水平运动产生偏向力,在气压梯度力与地转偏向力的双重作用下,决定着风的运动方向与运动速度等特征。微观上,地面风还受地形地貌的影响,局部地形差异可以改变包括风能大小、方向、速度、平稳度在内的任何特征。因此,风向和风速的时空分布较为复杂。间歇性成为风力发电必须面对的不确定因素之一。发电场所一旦固定,便不可再移动,无法对风能资源的变动做出地理位置上的变动适应。就目前的技术而言,也无法对风能资源加以收集、储备、调整,也无法对风能资源的变动进行干预,进一步加剧了风力发电的不确定性,而且这种不确定性的可控性较差。

从电力需求看,风力发电的运行存在不平稳性。电力需求与经济发展水平、发展速度、产业结构、生产水平、生产方式、居民消费能力、居民消费水平等一系列社会、经济、环境、气候因素高度相关,并呈现出明显的周期特征。某一影响因素的突变,以及多个影响因素之间的交互都会改变电力市场的需求状况。而电力属于不可储存性能源,必须根据电力市场的实时需求安排电力生产。也就是说,电力需求的任何不确定波动都会引起电力生产的波动。风力发电也就在需求端受到诸多社会、经济、环境等变量的影响,并体现出难以估计的不确定性。鉴于风能资源本身的不确定性,很可能出现风能资源充裕、电力市场过剩,或者风能资源匮乏、电力市场短缺的情形,进而导致风力发电的不确定性加剧。

从发电设备的保障看,风力发电存在一定的不确定性。风机设备长期处于野外环境,且受风向、风速频繁切换的影响,对风机、传动部位、电气元件等易损器件提出了较高的要求。一旦风机设备质量不过关或者极端气候发生,极有可能导致风机设备损坏。一般而言,风力发电场所远离风机设备制造地,且超大、超重的风机设备不便于运输,风机设备一旦损坏,其检查、维修、更新就存在较大的不确定性。此外,风力发电都配有相应的旋转电源,且旋转电源的运行必须与风力发电进行互补,组成复合发电系统。如果风力发电为基本负荷贡献大部分电量时,风力发电高峰及低谷时期需通过调控旋转电源进行平衡。当风电穿透功率较高时,风力发电的不确定,就会导致旋转电源运行的不确定性。考虑到风能资源的不确定与电力需求的不确定,旋转电源运行的不确定性可能会进一步放大。因此,一旦旋转电源运行的不确定性引发设备的保障问题,又会对风力发电形成反馈的不确定。

从发电项目的投资看,传统电源项目和新能源电源项目都属于资本高度密集型项目。我国风电装机容量迅猛发展的同时,也造成了风电投资资本的剧增。据新能源财经数据显示,2009 年中国风电新增金融投资 218 亿美元,同比增长 27%。与常规能源发电项目相比,风力发电几乎不需要发电燃料的投入,而煤电发电的燃料成本构成却要占 44% 左右。但是风力发电项目的建设成本,尤其是发电机组成本却要比常规能源发电项目高出许多。在风电投资构成中,风电机组是风电系统中最主要的部分,风机成本约占风电场建设投资的 70%、电气工程约占 10%、土建工程约占 6%、财务费用约占 4%、设备安装约占 3%、其他费用约占 7%。由于风力发电的风机硬件设备所占比重更大,其固定资产折旧费用与折旧比例也要高于常规能源发电项目。燃煤发电的折旧费用比例约占成本的 20%,而风电却高达 53% 左右。因此,由于风力发电项目要求较高的一次资本投入,这大大增加了风电投资的难度。较高的资本投入又严重偏侧于风机设备成本,设备质量、运行稳定性、维修成本等因素又加大了风电投资的风险。高昂的风机设备造价又直接导致了较高的风电价格,与常规电力相比还不具备市场竞争力,便又进一步加剧了回收投资收益的不确定性。风力发电项目存在的种种制约因素和不确定因素,加大了风力发电的投资风险,并提高了风电行业的进入壁垒。

从风电政策的激励看,风力项目的发展呈现出一定的不确定性。风力发电目前还属于脆弱型新兴产业,尚不具备市场竞争力,还严重依赖风电政策的扶持与激励。在不断摸索风电发展规

律的过程中,我国风电价格政策的演变大致可分为四个阶段:20
世纪90年代初至1998年左右,是风电上网电价的完全竞争阶
段。该阶段中国的并网风电还处于试点和示范期,且以国外的双
边援助项目为主。风力发电设备主要使用外国援助资金购买,上
网电价较低。1998年左右至2002年,是审批电价或称项目电价
阶段。上网电价遵循还本付息基础上的定价原则,由开发商报各
地价格主管部门批准,并报中央政府备案。这一阶段的风电价格
"一场一价",参差不齐。2003年至2008年,是招标电价与审批电
价并存阶段。2003年风电特许权招标政策的实施并没有取消项
目审批方式。国家组织的大型风电场采用招标的方式确定电价,
省区级项目审批范围内的项目,仍然采用审批电价的方式。2009
年起,是招标电价与固定电价并存阶段。2009年7月发改委发布
的《关于完善风力发电上网电价政策的通知》按资源区制定了陆
上风电标杆上网电价。不同的风电政策对风力发电的影响差异
巨大。风电主管部门的更迭、管理权责的模糊、风电政策的不连
续,导致我国风力发电的发展呈现出一定的波动。风电政策的不
确定性是风力发电的一大潜在不确定因素。

　　可见,风力发电在风能资源、电力需求、设备保障、风电投资、
风电政策等多个方面,都存在明显的不确定性。尤其是各不确定
因素之间还存在交互作用,又放大了这种不确定性。风电项目作
为高投资、低灵活性的大型项目,应充分分析其不确定性,控制风
电项目投资的风险。

5.2　双重随机约束的风电项目投资模型

　　本节从风力发电运行过程直接相关的输入端与输出端出发,
将不确定的风速因素与不确定的电力需求因素同时引入风电项
目的投资模型,分别用随机方程表示风速与电力需求,研究双重
随机约束下风电项目的最优投资问题。

5.2.1 风速不确定及其表述

大量研究表明,风速一般为正偏态分布,可以用多个模型拟合风速分布。一般认为 Weibull 双参数分布的拟合效果最佳。其概率密度函数和分布函数分别可以表示为

$$f(V) = \frac{k}{c}\left(\frac{v}{c}\right)^{k-1} \exp\left[-\left(\frac{v}{c}\right)^k\right] \qquad (5\text{-}1)$$

$$F_w(v) = P(V \leqslant v) = 1 - \exp\left[-\left(\frac{v}{c}\right)^k\right] \qquad (5\text{-}2)$$

式中,v 为风速,c,k 分别为 Weibull 分布的尺度参数和形状参数。

根据反变换法原理,若$\{X_i\}$为$[0,1]$区间内均匀分布的随机变量,其概率分布为 $F_1(x)$,则令 $x = F_2(y)$,即 $y = F_2^{-1}(x)$,即可求得分布函数为 $F_2(y)$ 的变量$\{Y_i\}$。

据此,令 $x = F(v) = 1 - \exp\left[-\left(\frac{v}{c}\right)^k\right]$,则

$$v = c[-\ln(1-x)]^{\frac{1}{k}}。$$

又 x 与 $1-x$ 均为$[0,1]$区间内均匀分布的随机变量,可用 x 替换 $1-x$,则

$$V_i = c\,(-\ln X_i)^{\frac{1}{k}} \qquad (5\text{-}3)$$

根据风速的概率分布,可以通过 Weibull 分布随机数发生器 $V_i = c\,(-\ln X_i)^{\frac{1}{k}}$ 产生每小时的风速抽样值,再通过判断该风速时的风机运行状态,计算风电机组的输出功率。

风力发电机组的输出功率与风速之间存在密切关系,但关系曲线有多种形状,并不唯一。若不考虑空气密度等因素,典型的风力发电机组输出功率与风速大致为分段线性关系(见图 5-1)。

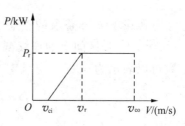

图 5-1 风电机组输出功率曲线

风电机组输出功率的分段函数可以表示为

$$P_w = \begin{cases} 0, & v \leqslant v_{ci} \\ P_r \dfrac{v - v_{ci}}{v_r - v_{ci}}, & v_{ci} < v \leqslant v_r \\ P_r, & v_r < v \leqslant v_{co} \\ 0, & v > v_{co} \end{cases} \tag{5-4}$$

式中,v_{ci},v_{co} 分别为切入风速与切出风速,v_r 为额定风速,P_r 为风机额定输出功率。

在 RISKOptimizer 中可以用函数 riskweibull(c,k)表示。

5.2.2 电力需求不确定及其表述

从层次看,电力需求可以分为子需求与总需求;从性质看,电力需求可以划分为电量类需求与负荷类需求[146]。其中,电量类需求可以通过子需求求和得到总需求,属于存量性质的指标。而负荷类需求具有非常强烈的时间特性,主要用以统计基荷、腰荷、峰荷等电力需求的特征指标,属于无法加总的流量性指标。本书研究的电力需求主要是电量类需求,通过研究其概率分布来把握其不确定性。一般认为,电力需求呈现出较为明显的"局部"正态分布[146]。

设期望值为 μ、方差为 σ^2,则正态分布的概率密度函数可以表示为

$$f(x) = \frac{1}{\sqrt{2\pi}\sigma} e^{-\frac{(x-\mu)^2}{2\sigma^2}} \tag{5-5}$$

假设第 k 个需求的正态分布的期望值为 μ_k,方差为 σ_k^2,则 $(-\infty, +\infty)$ 区间上的连续型正态分布函数的离散化概率密度函数可以表示为

$$a_k(i) = \frac{1}{\sqrt{2\pi}\sigma_k} e^{-\frac{(i-\mu_k)^2}{2\sigma_k^2}} \tag{5-6}$$

在 RISKOptimizer 中可以用函数 risknormal(μ, σ^2)表示。

5.2.3　风电项目投资模型构建

本章基于以下情形构建风电项目投资模型。

假定 1　现有输电网络较为强健。风电项目投资可以不考虑线路扩建,而在现有电网覆盖的基础上,规划风电项目并将电源接入电网。即本研究的风电项目投资属于电源电网联合规划型电源建设。此外,电网足够强健也可以不考虑风电接入对电网稳定性的影响。即风电投资模型不计入相关输配电网络的建设费用和风电接入造成的电网运行额外成本。

假定 2　风电项目属于单独发电系统。即假定某经济体的电力供给全部来自该风电项目,可单独考察风电项目投资的收益。经济体不存在其他形式的电力供给,则电力市场一旦出现供小于求的情形[①],电力短缺将严重干扰辐射区的正常经济秩序,从而造成经济体利益受损。

假定 3　风电项目以满足辐射区电力需求为首要目的。即风电项目的投资规模,主要以满足辐射区经济体的电力需求为规划依据。部分时刻闲置的装机容量主要用以应对辐射区经济体可能出现的电力需求激增,如将此部分电量输出至更远距离的经济体,则调度、变压、网损等成本将远远高于其关机成本。电力市场一旦出现供大于求的情形,电力过剩将导致风电机组关机。又由于风电场的固定成本分摊到相对较少的单位发电量,电量浪费会造成额外不必要的成本,风电场将出现利润损失。

假定 4　风速服从 Weibull 分布。假定风电项目所在区域的风能资源特征较为稳定,且可以用 Weibull 分布进行拟合,概率密度函数形式如式(5-1)。

假定 5　电力需求服从正态分布。假定风电项目辐射区的电力需求较为稳定,可以用正态分布进行拟合,概率密度函数形式如式(5-5)。为简化计算,假定电力需求不存在较为明显的增

---

① 当风电场穿透功率超过 25％时,会出现发电量大于需求量而浪费电量的情况。

长趋势。

假定6 以风电项目与辐射区的整体收益为最大化目标。风电项目的建设既要实现风电场的盈利目标,也要满足辐射区经济发展的目标。完全考虑辐射区经济发展的电力需求,则会导致风电项目装机容量的过度投资,降低风电场的利用效率,并影响其后期市场竞争力。完全从风能资源禀赋出发,考虑风机的运行效率,则可能会制约辐射区经济发展所需的电力。因此,风电项目的投资规模就是在资源不确定与需求不确定的双重约束下,寻求可选区域内的最优值。

因此,风电项目投资模型应同时考虑拉闸限电对经济体的损失与风机闲置对风电场的损失。最优模型表示为

$$F(Z,\,t) = \begin{cases} \max E\displaystyle\int_0^T \big[(P-C_1)\,\widetilde{Q}_t - (\widetilde{D}_t - \widetilde{Q}_t)C_2 - C_4\big]\mathrm{d}t, & \widetilde{D}_t \geqslant \widetilde{Q}_t \\[2mm] \max E\displaystyle\int_0^T \big[(P-C_1)\,\widetilde{Q}_t - (\widetilde{Q}_t - \widetilde{D}_t)C_3 - C_4\big]\mathrm{d}t, & \widetilde{Q}_t > \widetilde{D}_t \end{cases}$$

$$(5\text{-}7)$$

式中,P 为电价,目前风电电价主要以上网标杆价的形式出现,相对比较固定,此处将 P 作为固定电价处理,不考虑其波动性;$\widetilde{Q}_t$,$\widetilde{D}_t$ 分别为 t 时刻的发电量与电力市场需求量;C_1,C_2,C_3,C_4 分别为单位电量的发电成本、拉闸限电的单位小时损失、风机闲置的单位小时电能浪费损失、固定投资单位时间成本及折旧费用;T 为风电场运营期。

发电量 $\widetilde{Q}_t$ 是与输出功率、装机规模等因素相关的随机变量,可以表示为

$$\widetilde{Q}_t = P_r Z_t \eta$$

式中,P_r 为 t 时刻的输出功率,见式(5-4);Z_t 为 t 时刻的总装机规模,也是需要确定最优值的调节变量;η 为风电机组的机械效率、功率系数的乘积,主要用以反映风电机组功率输出过程中的损耗。

电力需求 $\tilde{D}_t$ 的分布形式见式(5-6)，它是与社会、经济、气候等因素相关的随机变量。

5.3　风电项目投资模型的求解与寻优

涉及单个不确定变量的最优动态模型解析解的获得相对简单，求解含多个不确定变量的模型则要复杂得多。如果多重不确定变量服从同一种分布，则可以通过转化为单一不确定变量情形进行求解；如果多重不确定变量分别服从多种分布，则可以采用离散化的组合式处理方式进行求解，但精度稍差。本章在风电项目投资模型中同时引入风速与电力需求两个不确定变量，且分别服从不同的分布形式，具有非齐次性。运用一般的数值方法进行求解，通常会因"维数灾难"而造成巨大的工作量，甚至无法获得其解析解。

本章采用数值解法进行最优化求解：运用蒙特卡洛方法模拟 $\tilde{Q}_t$、$\tilde{D}_t$ 的随机变动，从而获得 Z_t 的随机变动特征，以 $F(Z, t)$ 为拟合度函数，运用遗传算法搜索其他变量给定情形下的最优投资规模。蒙特卡洛模拟方法可以确定多重随机变量的概率分布和数字特征，从而可以获得问题的数值解[147]。

根据上述解决思路，基于风险分析与优化软件RISKOptimizer进行编程。基本思路为：以总装机容量为可控变量进行染色体编码，产生初始种群，选择蒙特卡洛方法对双重随机变量决定的总利润函数进行仿真，从而给出足够多的样本容量，根据式(5-7)计算由这些样本路径和初始染色体决定的总利润值，并将其作为适应度函数，依照算法给定的选择、交叉、变异等遗传操作规则，产生新的染色体种群，并开始新的仿真寻优循环，直至其满足程序设定的终止条件。

算法参数设置为：对每一次 T 的取值，蒙特卡洛模拟 1 000 次后终止，生成一个染色体；每一种群染色体数目为 20 个，交叉概率为 0.5，变异概率为 0.1，并以最后 100 次迭代的染色体适应度值无变化为优化过程的终止条件。

具体操作步骤为:按上述规则构建模型,确定参数,以算例形式考察可控变量的最优状态,并分别考察风速与电力需求这两个不确定变量的变动对仿真结果的影响。

令总装机容量 $Z_t \in [1, 150]$,正态分布参数 $\mu = 200$,$\sigma = 2$,Weibull 分布的位置参数 $c = 4$、形状参数 $k = 2$、风机切入风速 $v_{ci} = 2$、切出风速 $v_{co} = 12$、额定风速 $v_r = 7$、额定功率 $P_r = 100$、单位造价 $p = 8\,000$、单机容量 $z = 1\,000$、风电场运营期 $T = 20$、效率 $\eta = 0.6$、固定电价 $P = 0.8$、单位电量的发电成本 $C_1 = 0.1$、拉闸限电的单位小时损失 $C_2 = 1$、风机闲置的单位小时电能浪费损失 $C_3 = 0.6$。仿真结果见图 5-2。

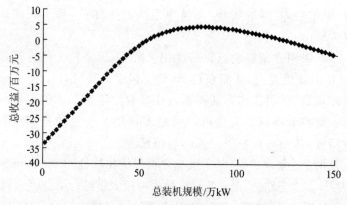

图 5-2 风电项目投资规模-收益仿真结果

不难发现,风电项目的投资规模与总收益之间呈倒"U"形曲线关系。随着投资规模的扩大,风电项目的总收益迅速上升,直至 $Z_t = 83$ 时,总收益达到最大值。随着投资规模的进一步扩大,总收益开始下降。表明在此情形下,综合考虑不确定风速与不确定电力需求、综合考虑风电项目收益与经济体收益的最优投资规模为 83 万 kW。过小的投资规模因无法满足经济体的电力需求

116

而导致较低的整体收益,过大的投资规模又因无法充分利用风机设备而导致较低的整体收益。

通过调整模型参数,可以获得不同情形下的风电项目最优投资规模。

5.3.1 风速不确定对最优投资规模及收益的影响

假定电力需求的分布函数不变,且参数 $\mu=200,\sigma=2$。风速分布的位置参数分别在 $c=2,3,4,5,6$ 的水平下,观测形状参数 k 的变动对仿真结果的影响(见表 5-1 至表 5-5)。

表 5-1 最优装机规模与最大收益的不确定性($c=2$)

k	2	3	4	5	6	7	8
最优装机/万 kW	65	41	33	31	29	27	27
最大收益/元	−6 793 927	776 678	2 093 045	−1 139 363	−5 857 369	−10 461 906	−14 381 227

表 5-2 最优装机规模与最大收益的不确定性($c=3$)

k	2	3	4	5	6	7	8
最优装机/万 kW	77	43	31	27	27	27	27
最大收益/元	−441 822	7 005 493	11 055 970	7 105 518	−1 561 247	−9 864 121	−16 296 894

表 5-3 最优装机规模与最大收益的不确定性($c=4$)

k	2	3	4	5	6	7	8
最优装机/万 kW	81	43	29	27	27	27	27
最大收益/元	4 364 552	10 544 757	15 572 638	12 782 114	419 449	−11 342 859	−19 455 358

表 5-4 最优装机规模与最大收益的不确定性($c=5$)

k	2	3	4	5	6	7	8
最优装机/万 kW	83	41	29	27	27	27	27
最大收益/元	7 850 401	12 984 663	17 898 061	16 743 775	1 306 997	−13 564 380	−22 652 134

表 5-5 最优装机规模与最大收益的不确定性($c=6$)

k	2	3	4	5	6	7	8
最优装机/万 kW	83	41	29	27	27	27	27
最大收益/元	10 403 749	14 698 457	19 231 466	19 463 332	1 805 748	−15 829 269	−25 311 485

仿真结果表明:当形状参数 k 一定时,位置参数 c 的变动引发 Z^* 的变动几乎可以忽略,尤其是 $k\geqslant3$ 时更是如此。仅 $k=2$ 时,Z^* 从 65 变动至 83,受 c 的影响稍大;当位置参数 c 一定时,k 的增加会引发 Z^* 的下降,且下降速率递减,最终趋于平稳(见图 5-3)。这说明不确定风速的位置参数对风电项目最优装机规模的影响较小,而形状参数对风电项目最优装机规模的影响较为复杂。确定风电项目的最优投资规模,应充分勘查并确定当地风速的形状参数。

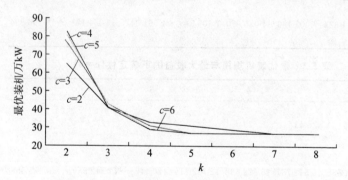

图 5-3 不同位置参数情形下的形状参数变动对最优装机的影响

从风电项目的最大收益看(见图 5-4)：不确定风速的位置参数越大,最大收益越高;形状参数越适中($4 \leqslant k \leqslant 5$),最大收益越高;形状参数较大($k \geqslant 6$)或者位置参数较小($c \leqslant 2$),则风电项目很难实现盈利。

不同位置参数情形下,形状参数的变动对最优投资规模与最大收益的综合影响见图 5-5～图 5-9。

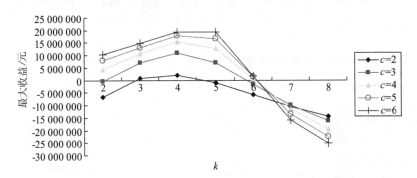

图 5-4　不同位置参数情形下的形状参数变动对最大收益的影响

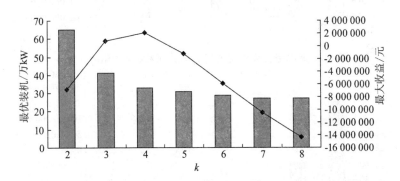

图 5-5　形状参数变动对最优装机及最大收益的影响($c=2$)

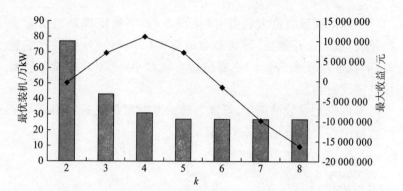

图 5-6　形状参数变动对最优装机及最大收益的影响($c=3$)

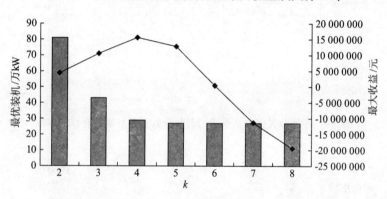

图 5-7　形状参数变动对最优装机及最大收益的影响($c=4$)

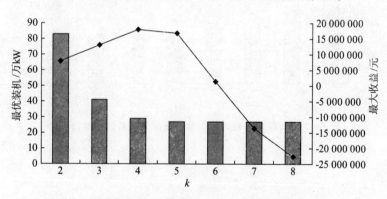

图 5-8　形状参数变动对最优装机及最大收益的影响($c=5$)

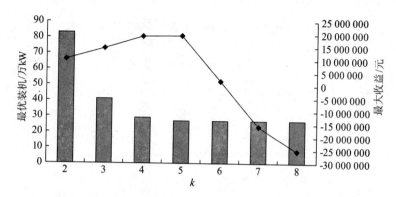

图 5-9 形状参数变动对最优装机及最大收益的影响($c=6$)

5.3.2 电力需求不确定对最优投资规模及收益的影响

假定风速的分布函数不变,且参数为位置参数 $c=4$、形状参数 $k=2$。电力需求分别在 $\mu=50,100,150,200$ 的水平下,观测 σ 的变动对仿真结果的影响(见表 5-6～表 5-9)。

表 5-6 最优装机规模与最大收益的不确定性($\mu=50$)

σ	5	10	15	20	25
最优装机/万 kW	21	21	21	21	21
最大收益/元	987 281	857 674	737 994	165 911	-360 981
σ	30	35	40	45	50
最优装机/万 kW	23	23	25	25	25
最大收益/元	-856 402	-1 102 422	-1 801 166	-2 331 539	-3 074 918

表 5-7　最优装机规模与最大收益的不确定性($\mu=100$)

σ	5	10	15	20	25
最优 装机/ 万 kW	41	41	41	41	41
最大 收益/元	2 144 965	2 116 888	1 918 904	1 417 277	1 549 040
σ	30	35	40	45	50
最优 装机/ 万 kW	43	43	43	45	45
最大 收益/元	1 012 759	782 743	666 063	$-221\ 485$	$-229\ 963$

表 5-8　最优装机规模与最大收益的不确定性($\mu=150$)

σ	5	10	15	20	25
最优 装机/ 万 kW	81	83	81	83	83
最大 收益/元	4 336 355	4 374 219	4 137 043	4 105 400	4 044 641
σ	30	35	40	45	50
最优 装机/ 万 kW	83	83	83	85	83
最大 收益/元	3 583 528	3 506 404	3 316 151	3 372 166	2 828 654

表 5-9　最优装机规模与最大收益的不确定性（$\mu=200$）

σ	5	10	15	20	25
最优装机/万 kW	123	125	123	123	125
最大收益/元	6 570 969	6 496 539	6 497 934	6 373 660	6 162 844
σ	30	35	40	45	50
最优装机/万 kW	123	125	125	125	125
最大收益/元	6 118 131	5 933 441	5 954 959	6 012 972	5 046 804

　　仿真结果表明：当 σ 一定时，μ 的增加会引发 Z^* 迅速增长；当 μ 一定时，Z^* 基本维持较为稳定的水平（见图 5-10）。这说明不确定电力需求的参数 μ 对风电项目最优装机规模的影响较大，而参数 σ 对风电项目最优装机规模的影响较小。

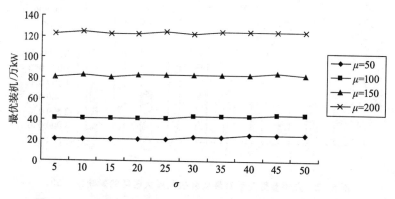

图 5-10　不同均值参数情形下的方差参数变动对最优装机的影响

　　从风电项目的最大收益看（见图 5-11）：不确定电力需求的均值参数越大，最大收益越高；方差参数越大，最大收益减小；均值参数偏小($\mu\leqslant50$)，则风电项目很难实现盈利。这说明电力市场的不确定性越大，收益越小；电力市场的规模越大，开发风电项目的价值越高，且抗不确定性越强。

不同均值参数情形下，方差参数的变动对最优投资规模与最大收益的综合影响见图 5-12～图 5-15。

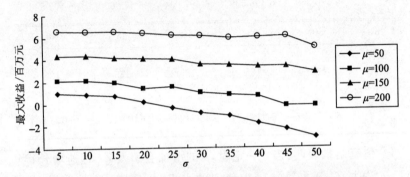

图 5-11　不同均值参数情形下的方差参数变动对最大收益的影响

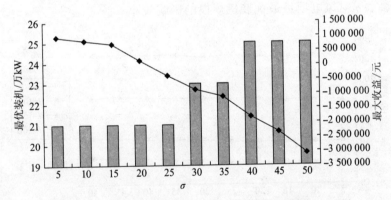

图 5-12　方差参数变动对最优装机及最大收益的影响（$\mu=50$）

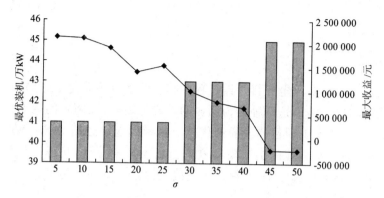

图 5-13 方差参数变动对最优装机及最大收益的影响($\mu = 100$)

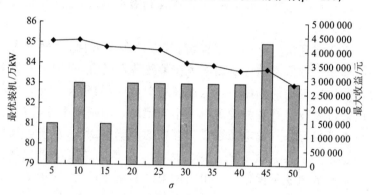

图 5-14 方差参数变动对最优装机及最大收益的影响($\mu = 150$)

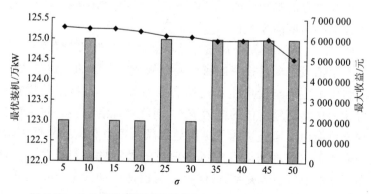

图 5-15 方差参数变动对最优装机及最大收益的影响($\mu = 200$)

5.4　本章小结

本章针对风电项目建设过程中存在的多种不确定因素，选择风速与电力需求这两种最为明显的不确定因素，在两者的双重约束下，讨论风电项目建设的最优投资规模问题。运用 RISKOptimizer 软件对构建的决策模型进行仿真模拟和寻优，获得了最优投资规模的仿真结果，并探讨了不确定因素的变动对仿真结果的影响。研究结论表明：

（1）不确定因素对风电项目建设的最优投资规模与收益存在明显扰动。

不确定现象广泛存在于经济、社会的各个方面，是规划大型项目前期不容回避的重要因素。在某些特定场合，对项目的发展甚至起到决定性的作用。在电源规划中，电源的建设场所、规模、时间等都要在研判各种确定以及不确定因素的基础上才能决定。而风电项目除了一般电源建设中存在的不确定因素，在发电动力方面也是一个极其重要的不确定因素。本章的仿真结果也证实了发电端的风速不确定与用电端的电力需求不确定，对风电项目的最优投资规模与最大收益的变动都存在明显的扰动。可见，包括风速与电力需求在内的所有不确定因素，是风电项目建设的任何一环都必须要高度重视的重要因素。

（2）风电项目的投资规模与总收益之间呈倒"U"形关系。

本章把风电项目投资的目标函数从发电主体的收益最大化，扩展为发电主体与受电主体的综合收益最大化。过小的投资规模可能无法满足经济体的电力需求，而降低综合收益。过大的投资规模可能由于风能资源不足而导致风电机组利用效率低下，降低综合收益。仿真结果发现风电项目的投资规模与总收益之间存在明显的倒"U"形关系，最优投资规模即为曲线上导数为零所对应的值。不确定因素的变动对最优投资规模与最大收益的影响,实际上为倒"U"形曲线沿 x 轴和 y 轴平移。

(3) 风速的位置参数对最优投资规模的扰动较小,与最大收益呈正向关系。

由于风速服从 Weibull 分布,其不确定性主要通过 Weibull 分布的位置参数与形状参数得以反映。仿真结果发现,位置参数的变动,对最优投资规模的扰动较小,而与最大收益存在正相关关系。即风速的位置参数的变动,会导致倒"U"形曲线近似于沿 y 轴同向移动。

(4) 风速的形状参数对最优投资规模及最大收益的影响较为复杂。

风速的形状参数对风电项目的最优投资规模、最大收益存在更为明显的扰动,且影响路径比较复杂。仿真结果表明,形状参数与最优投资规模之间存在反"J"形曲线关系,形状参数增加会导致最优投资规模以速率递减的形式下降,并趋于平稳;形状参数与最大收益之间存在倒"U"形曲线关系,形状参数较为适中时,最大收益越大,形状参数进一步增大,最大收益迅速下降。这表明不确定风速的形状参数是风电项目建设更应关注的因素。

(5) 电力需求的均值参数对最优投资规模及最大收益的扰动较大,且均呈正向关系。

由于电力需求服从正态分布,其不确定性通过正态分布的均值与方差参数来反映。仿真结果表明,均值增加会导致最优投资规模增加,两者存在比较明显的正向关系,且它与最大收益之间也存在类似关系。即电力需求均值的增加,会导致倒"U"形曲线向右上方移动;电力需求均值的减小,会导致倒"U"形曲线向左下方移动,均值过小会导致曲线接近甚至低于 x 轴而导致项目无法盈利。

（6）电力需求的方差参数对最优投资规模的扰动较小，与最大收益呈反向关系。

通过调节电力需求的方差参数，发现对最优投资规模的仿真结果扰动较小，而对最大收益的扰动较大，且与最大收益之间存在反向关系。即方差的不确定性对最优投资规模的影响较小，对最大收益的影响较大。

第6章 不确定条件下风能资源最优开发路径及其变动研究

本章分别从发电量、收益、成本 3 个方面研究技术进步、补贴政策和成本控制 3 种不确定因素对风能资源开发的动态影响。首先利用动态思想处理风能资源开发过程，运用最优控制理论建立风能资源动态开发模型。其次，分别引入不确定变量，构建动态开发模型最优问题的 Hamilton-Jacobi-Bellman 方程。最后，通过对最优路径的讨论，研究不确定因素的出现对风能资源开发的影响。

6.1 动态最优化的预备知识

现代经济分析已不仅仅局限于运用静态分析方法来解决社会经济的最优化问题，因动态最优化方法很好地弥补了静态分析和比较静态分析的严重不足，而成为分析经济问题的重要手段。与静态分析和比较静态分析相比，动态分析的一个最显著特征是引入了时间因素，从而可在整个计划期间内分析研究变量的具体时间路径，或者研究变量是否会趋于收敛以及收敛于哪个均衡值。这样就直接面对均衡的可实现性，并在此基础上讨论问题的最优化策略，避免了在假设问题必然能实现的前提下研究最优化策略。

6.1.1 最优控制的最大值原理

动态最优问题其实就是在特定的目标期内研究变量的一条最优时间路径。如果特定目标期为无限计划水平，即时间区间为

$[0, +\infty]$，则问题就转化为无限水平情形下的最优化问题；如果是在特定目标期内研究每一时刻（如$[0, T]$）的变量最优路径，则问题转换为连续时间情形下的最优问题；如果是在特定目标期内研究每个时期中的变量最优路径，则问题转换为离散时间情形下的最优问题。

社会经济系统中，任何变量都不是孤立存在的，而是在多个相关变量综合影响下在每个时间点上都产生了不同的存在状态，并最后形成了时间段上的变动路径，即我们关注的状态变量$y(t)$的最优化路径受到控制变量$u(t)$的控制。最优化问题其实就是在引入时间变量t的基础上，观察受一个或多个控制变量$u(t)$影响的状态变量$y(t)$的变动路径。时间变量t、状态变量$y(t)$、控制变量$u(t)$构成了最优控制理论的三大基础变量。

事实上，状态变量$y(t)$的变动路径除了受到前面提到的时间变量t和控制变量$u(t)$的影响，还受自身前个存在状态的影响，则状态变量$y(t)$的运动方程就将三大基础变量联系了起来，表示为

$$\dot{y} = f[t, y(t), u(t)]$$

上述运动方程表明了给定状态变量值，在任何时刻，决策者对控制变量的选择将如何在时间上驱使状态变量。一旦发现最优控制变量路径$u^*(t)$，即可找到相对应的最优状态变量路径$y^*(t)$，从而提供了一种新的研究视角，避开需要关注的状态变量$y(t)$，而直接研究控制变量$u(t)$的最优路径。因此，可以将最优化问题表述如下。

最大化[①]：　　　$V = \int_0^T F(t, y, u)\,\mathrm{d}t$

满足：　　　　　$\dot{y} = f(t, y, u)$

　　　　　　　$y(0) = A, y(T)$自由$(A, T$给定$)$

[①]　最小化问题可以通过在目标泛函上加一个负号构造成一个最大化问题。

$$u(t) \in \mathscr{U}, \text{对于所有 } t \in [0, T]$$

其中 $\mathscr{U}$ 代表某个有界控制集合。

最优控制理论的关键是被称为最大值原理的一阶必要条件。最大值原理又通过协状态变量 $\lambda(t)$ 和 Hamilton 函数 H 来实现。将 Hamilton 函数定义为：

$$H(t, y, u, \lambda) \equiv F(t, y, u) + \lambda(t) f(t, y, u)$$

最优化问题转化为要求在每个时点都选择 u 使 Hamilton 函数达到最大值。最大值原理描述了状态方程 $\dot{y} = f(t, y, u)$，当 $\dot{y} = \dfrac{\partial H}{\partial \lambda}$ 时。而协状态方程作为最优化条件存在

$$\dot{\lambda}\left(\equiv \dfrac{\mathrm{d}\lambda}{\mathrm{d}t}\right) = -\dfrac{\partial H}{\partial y}。$$

最大值原理便由以下四部分组成。

（ⅰ）$H(t, y, u^*, \lambda) \geqslant H(t, y, u, \lambda)$，对于所有 $t \in [0, T]$

（ⅱ）$\dot{y} = \dfrac{\partial H}{\partial \lambda}$ 　　　　（状态方程）

（ⅲ）$\dot{\lambda} = -\dfrac{\partial H}{\partial y}$ 　　　（协状态方程）

（ⅳ）$\lambda(T) = 0$ 　　　　（横截条件①）

6.1.2　最优控制的终结条件和横截条件

状态方程和协状态方程一起构成了给定问题的 Hamilton 系统或规范系统。这两个微分方程在求解过程中出现的两个任意常数需要两个边界条件来确定。这就涉及最优化问题的终结条件。

（1）固定终结点。

假设某个终结时间上的终结状态确定，即 $y(T) = y_T$，其中 T 和 y_T 都给定，则终结条件自身就提供了两个确定信息，这个终结状态下不需要横截条件。

---

① 条件（ⅳ）中的横截条件只适用于垂直终结线状态，更为复杂的横截条件将在下节讨论。

（2）垂直终结线。

假设终结时间固定在某个给定的目标水平 T，但终结状态 y_T 自由，即达到目标期的状态具有弹性。此时的横截条件为 $\lambda(T)=0$。

（3）水平终结线。

假设终结状态固定在某个给定的目标水平 y_T，但终结时间 T 自由，即达到目标的进程具有弹性。此时的横截条件为 $[H]_{t=T}=0$。

（4）终结曲线。

假设终结曲线 $y_T=\varphi(T)$ 决定终结点的选择，则 ΔT 和 Δy_T 都不任意，但存在 $\Delta y_T=\varphi'(T)\Delta T$ 的关系。此时的横截条件为 $[H-\lambda\varphi']_{t=T}=0$。

（5）截断垂直终结线。

假设终结时间固定在某个给定的目标水平 T，终结状态 y_T 自由，但受制于 $y_T \geqslant y_{\min}$。即达到目标期的状态具有弹性，但必须大于最低容许水平。此时的横截条件为 $\lambda(T) \geqslant 0, y_T \geqslant y_{\min},(y_T-y_{\min})\lambda(T)=0$。

（6）截断水平终结线。

假设终结状态固定在某个给定的目标水平 y_T，终结时间 T 自由，但受制于 $T \leqslant T_{\max}$。即达到目标的进程具有弹性，但必须小于最大容许值。此时的横截条件为 $[H]_{t=T} \geqslant 0, T \leqslant T_{\max}$，$(T-T_{\max})[H]_{t=T}=0$。

6.1.3 最优控制的现值 Hamilton 函数

经济学中经常需要考虑涉及贴现问题的动态最优分析，目标泛函便需要带有贴现因子 $e^{-\rho t}$，表示为 $F(t, y, u)=G(t, y, u)e^{-\rho t}$。因此，最优化问题也需要进行相应的调整。

最优控制问题如下。

最大化： $\qquad V=\int_0^T G(t, y, u)e^{-\rho t}\mathrm{d}t$

满足： $\qquad \dot{y}=f(t, y, u)$，边界条件

此时，Hamilton 函数为

$$H(t, y, u, \lambda) = G(t, y, u)\mathrm{e}^{-\rho t} + \lambda f(t, y, u)$$

为了降低求导的复杂性,最好能定义一个新的不含贴现因子的 Hamilton 函数,即构造现值 Hamilton 函数。又由于 Hamilton 函数与拉格朗日乘子密切相关,则先定义现值拉格朗日乘子 $m = \lambda \mathrm{e}^{\rho t}$,则现值 Hamilton 函数

$$H_c \equiv H\mathrm{e}^{\rho t} = G(t, y, u) + mf(t, y, u)$$

此时的 Hamilton 函数不含贴现因子。

继而对最大值原理进行修正,可以得到相关的运动方程和横截条件。

状态方程为

$$\dot{y} = \frac{\partial H_c}{\partial m}$$

协状态方程为

$$\dot{m} = -\frac{\partial H_c}{\partial y} + \rho m$$

垂直终结线状态的横截条件为

$$m(T)\mathrm{e}^{-\rho t} = 0$$

水平终结线状态的横截条件为

$$[H_c]_{t=T}\mathrm{e}^{-\rho t} = 0$$

6.1.4　无穷限带贴现问题的 HJB 方程

假设最优问题为

$$V = \int_0^T F(t, y, u)\mathrm{d}t + \varphi(y(T), T)$$

受约束于 $\dot{y} = f(t, y, u), y(0) = A$。

定义从时刻 t_0 出发的值函数为

$$J(t_0, y_0) = \int_{t_0}^T F(t, y, u)\mathrm{d}t + \varphi(y(T), T)$$

受约束于 $\dot{y} = f(t, y, u), y(0) = A$。

此时有 $J(T, y(T)) = \varphi(y(T), T)$,进行分解并展开后,可以得到最优化条件:

$$0 = F_u(t, y, u) + J_y(t, y) f_u(t, y, u)$$

运用动态规划方法求解最优化问题时,具体过程如下。

首先,将上述式中的控制变量 u 表示为状态变量 y 的函数,即 $u = u(y)$;

其次,把该条件代入 Hamilton-Jacobi-Bellmen(简称 HJB)方程,得到

$$0 = \max_u \{ F_u(t, y, u(y)) + J_t(t, y) + J_y(t, y) f(t, y, u(y)) \}$$

并从中求出值函数;

最后,通过约束条件 $\dot{y} = f(t, y, u)$ 和 $y(0) = A$ 求出最优解 y。

经济学中通常考虑的是无穷限的带贴现的最优问题,即

$$\max \int_0^{+\infty} F(y, u) e^{-\rho t} dt$$

此时将贴现的值函数定义为

$$V(y_0) = \max \int_{t_0}^{T} e^{-\rho(t - t_0)} F(y, u) dt$$

即 $J(t, y) = e^{-\rho t} V(y)$。

Hamilton-Jacobi-Bellmen 方程改写为

$$\rho V(y) = \max_u (F(y, u) + V'(y) f(y, u))$$

6.2 技术进步不确定下的风能资源最优开发路径及其变动

记 R_t, S_t 分别为 t 时刻风电场装机容量和该风电场区域剩余可装机容量;A, B 分别为风电场投产初期和末期的可装机容量;Q_t, C_t 分别为 t 时刻的风力发电量和发电成本;T 为风电场设计运营时间。

假设 1　一段时期内一个地区的风能资源储量不变,且装机容量逐期可调。即假设风电场规划投产区域的理论可装机容量

固定,各期均可根据开发目标调整装机容量,则该区域的可装机容量可视为耗竭资源,表示为

$$\begin{cases} \dot{S}_t = -R_t \\ S_0 = A, \ S_T = B, \ S_t \geqslant 0 \end{cases} \tag{6-1}$$

假设 2 风速与风电场出力稳定,即假设 t 时刻发电量仅与 t 时刻装机容量有关,则风电场投产初期 t 时刻发电量为 $Q_t = \alpha R_t$,发电技术进步后 t 时刻发电量为 $Q_t = \beta R_t$,其中 α, β 分别为风电出力系数,且 $\beta > \alpha$。

假设 3 风能资源开发成本主要取决于风机成本,且具有弱凸性。风力发电消耗的燃油等成本几乎可以忽略不计,风能资源开发成本主要由初期投资的风机设备造价构成。按目前制造工艺技术,风机设备造价占风电场投资成本的三分之二以上,因此风能资源开发成本可以近似取决于各期投产的风机设备成本。又风机设备成本与装机容量呈高次曲线增长关系,考虑计算简洁性,假定成本函数为装机容量的二次型函数,又二次函数的常数项不影响目标函数的最优值,故取成本函数为标准型二次函数,即 $C_t = aR_t^2$,其中 a 为成本函数系数,且 $a > 0$。

假设 4 一定时期内风电以固定电价 P 优先全额并网,即电力市场扶持风电并网且能够完全消化并网风电,且无论是招标电价、标杆电价还是其他形式的风电价格,在运营期内都固定不变。

假设 5 一定时期内技术进步仅发生一次,出现时间为随机变量,出现过程服从 Poisson 过程,即无论是自主研发技术,还是技术引进,风力发电技术进步的出现服从 Poisson 分布。

设 λ_t 为 t 时刻首次出现技术进步的条件概率。当 $t \geqslant 0$ 时,λ_t 连续;Π_t 为 t 时刻首次出现技术进步的概率密度;Ω_t 为 t 时刻首次出现技术进步的概率,则

$$\begin{cases} \lambda_t = \lambda > 0 \\ \Omega_t = \int_0^t \Pi_t \, \mathrm{d}t \\ \lambda_t = \dfrac{\Pi_t}{1 - \Omega_t} \\ \Pi_t = \lambda \mathrm{e}^{-\lambda_t} \end{cases} \quad (6\text{-}2)$$

虽然技术进步发生时间是不确定的,但根据假设 5,技术进步一旦发生,便将整个风能资源开发期分为两个阶段。假设技术进步发生前后的两个阶段各期收益分别为 V_1,V_2,则技术进步发生后面临的优化问题为

$$V(S_t) = \max \int_t^T V_2 \cdot \mathrm{e}^{-r\tau} \, \mathrm{d}\tau$$
$$\text{s. t.} \begin{cases} \int_t^T R_t \, \mathrm{d}\tau \leqslant S_t \\ R_t \geqslant 0, \ S_t \geqslant 0 \end{cases} \quad (6\text{-}3)$$

式中,r 为贴现率。风能资源开发整个目标期内的目标函数为

$$\max: V_1 \cdot (1 - \Omega_t) + \Pi_t \cdot V(S_t) \quad (6\text{-}4)$$

6.2.1 内部自主研发技术情形

假设 6 风力发电技术进步由风力发电商自主研发引致,且研发投入与运营规模相关。假设技术进步发生前各期研发投入 C_t' 与当期装机容量 R_t 成正比,即 $C_t' = bR_t^2$,其中 b 为研发投入函数系数,且 $b > 0$,则技术进步前后的目标可以具体表示为

$$\max: V_1 = \alpha PR_t - aR_t^2 - bR_t$$
$$\max: V_2 = \beta PR_t - aR_t^2$$

因此,风力发电技术自主研发情形下,技术进步不确定的风能资源开发的动态优化模型为

$$W_t = \max \int_t^T \left[(\alpha PR_t - aR_t^2 - bR_t) \cdot (1 - \Omega_t) + \Pi_t \cdot V(S_t) \right] \mathrm{e}^{-rt} \, \mathrm{d}t$$
$$\text{s. t.} \begin{cases} \dot{S}_t = -R_t \\ S_0 = A, \ S_T = B \end{cases} \quad (6\text{-}5)$$

运用最优控制理论对式(6-5)的优化问题进行求解,其现值 Hamilton 函数为

$$H_c = (\alpha P R_t - a R_t^2 - b R_t) \cdot e^{-\lambda_t} + \lambda e^{-\lambda_t} V(S_t) - m_t R_t \quad (6\text{-}6)$$

式中,$m_t = \lambda_t e^{rt}$ 为现值拉格朗日乘子。正则方程为

$$\dot{S}_t = \frac{\partial H_c}{\partial m_t} = -R_t \quad (6\text{-}7)$$

$$\dot{m}_t = r m_t - \frac{\partial H_c}{\partial S_t} = r m_t - \lambda e^{-\lambda_t} \frac{\partial V(S_t)}{\partial S_t} \quad (6\text{-}8)$$

一阶条件为

$$\frac{\partial H_c}{\partial R_t} = (\alpha P - 2a R_t - b) \cdot e^{-\lambda_t} - m_t = 0$$

解得

$$m_t = (\alpha P - 2a R_t - b) \cdot e^{\lambda_t} \quad (6\text{-}9)$$

进一步考虑技术进步发生后的优化问题,风力发电技术自主研发情形下,式(6-3)的 Hamilton-Jacobi-Bellmen 方程为

$$r V(S_t) = \max\left[\beta P R_t - a R_t^2 - \frac{\partial V(S_t)}{\partial S_t} R_t\right]$$

上式对 R_t 求偏导,并令其等于 0,解得

$$\frac{\partial V(S_t)}{\partial S_t} = \beta P - 2a R_t \quad (6\text{-}10)$$

将式(6-9)、式(6-10)代入式(6-8),与式(6-9)求导后联立,得

$$\dot{R}_t - r R_t = \frac{\lambda P(\beta - \alpha) + b(r + \lambda) - r \alpha P}{2a}$$

将式(6-7)代入上式后得

$$\ddot{S}_t - r \dot{S}_t = \frac{r(\alpha P - b) - \lambda[P(\beta - \alpha) + b]}{2a}$$

利用 Maple 软件计算上式,并结合式(6-5)的边界条件,可得

$$R_t = \frac{(A - B)r - kT}{e^{rT} - 1} e^{rt} + \frac{k}{r} \quad (6\text{-}11)$$

式中,$k = \dfrac{r(\alpha P - b) - \lambda[P(\beta - \alpha) + b]}{2a}$。

将式(6-11)对 λ 求偏导,得

$$\frac{\partial R_t}{\partial \lambda}=\frac{b+(\beta-\alpha)P}{2a(e^{rT}-1)}Te^{rt}-\frac{b+(\beta-\alpha)P}{2ar}=\frac{b+(\beta-\alpha)P}{2a}\cdot\frac{rTe^{rt}-e^{rT}+1}{r(e^{rT}-1)}$$

(6-12)

6.2.2 技术引进与逐期偿还情形

假设 7 风力发电技术进步由外部引入实现,且技术成本与技术运用相关。技术进步发生后,根据各期运用新技术发电量的一定比例进行逐期偿还,即 $C'_t=c\beta R_t$,其中 c 为偿还系数,且 $c>0$,则技术进步前后的目标可以具体表示为

max: $V_1=\alpha PR_t-aR_t^2$

max: $V_2=\beta PR_t-aR_t^2-c\beta R_t$

因此,风力发电技术引进情形下,技术进步发生后,式(6-3)优化问题的 Hamilton-Jacobi-Bellmen 方程为

$$rV(S_t)=\max\left[(P-c)\beta R_t-aR_t^2-\frac{\partial V(S_t)}{\partial S_t}R_t\right]$$

上式对 R_t 求偏导,并令其等于 0,解得

$$\frac{\partial V(S_t)}{\partial S_t}=(P-c)\beta-2aR_t \tag{6-13}$$

风力发电技术引进且逐期偿还情形下,技术进步不确定的风能资源开发的动态优化模型可以表达为

$$W_t=\max\int_t^T\left[(\alpha PR_t-aR_t^2)\cdot(1-\Omega_t)+\Pi_t\cdot V(S_t)\right]e^{-rt}dt$$

$$\text{s. t.}\begin{cases}\dot{S}_t=-R_t\\ S_0=A,\ S_T=B\end{cases} \tag{6-14}$$

与技术自主研发情形类似,运用最优控制理论求解式(6-14)的优化问题,其现值 Hamilton 函数为

$$H_c=(\alpha PR_t-aR_t^2)\cdot e^{-\lambda_t}+\lambda e^{-\lambda_t}V(S_t)-m_tR_t$$

其正则方程同式(6-7)、式(6-8)。

其一阶条件为

$$\frac{\partial H_c}{\partial R_t} = (\alpha P - 2aR_t) \cdot e^{-\lambda_t} - m_t = 0$$

解得
$$m_t = (\alpha P - 2aR_t) \cdot e^{-\lambda_t} \tag{6-15}$$

将式(6-13)和式(6-15)代入正则方程,同时对式(6-15)求偏导,继而将两式联立,求得

$$\dot{R}_t - rR_t = \frac{\lambda\beta(P-c) - \alpha P(r+\lambda)}{2a}$$

所以,
$$\ddot{S}_t - r\dot{S}_t = \frac{r\alpha P - \lambda[(\beta-\alpha)P - \beta c]}{2a}$$

结合边界条件,Maple 软件的计算结果为

$$R_t = \frac{(A-B)r - l \cdot T}{e^{rT} - 1}e^{rt} + \frac{l}{r} \tag{6-16}$$

式中,$l = \dfrac{r\alpha P - \lambda[(\beta-\alpha)P - \beta c]}{2a}$。

将式(6-16)对 λ 求偏导,化简后得

$$\frac{\partial R_t}{\partial \lambda} = \frac{\beta(P-c) - \alpha P}{2a} \cdot \frac{rTe^{rt} - e^{rT} + 1}{r(e^{rT} - 1)} \tag{6-17}$$

6.2.3　两种情形结果对比

从装机容量的最优路径看,通过内部自主研发和外部技术引进实现风力发电技术进步这两种情形,对风能资源开发的最优路径的影响在形式上较为一致。但由于 k 与 l 项展开后存在差异,导致最优路径的实际变动有较大的差异,具体路径的走向及差异与各变量的实际数值相关。

从装机容量的变动看,内部自主研发实现技术进步的情形中,$\dfrac{b+(\beta-\alpha)P}{2a}$ 项为正号,$\dfrac{\partial R_t}{\partial \lambda}$ 的符号仅与 $\dfrac{rTe^{rt} - e^{rT} + 1}{r(e^{rT} - 1)}$ 项相关,即取决于 rTe^{rt} 与 $e^{rT} - 1$ 的大小关系。不难发现:

当 $t = \dfrac{1}{r}\ln\dfrac{e^{rT} - 1}{rT}$ 时,$R_t = (A-B)r$。这表明风电场的最优开发速度仅与风能资源性质有关。

当 $t < \dfrac{1}{r}\ln\dfrac{e^{rT}-1}{rT}$ 时，$\dfrac{\partial R_t}{\partial \lambda} < 0$。这表明在风电场运营初期，开发速度随着技术研发成功可能性的提高而降低。即初期自主研发的成功可能性越高，会减缓现有开发速度，而期待运用新技术获得更多的利润。

当 $t > \dfrac{1}{r}\ln\dfrac{e^{rT}-1}{rT}$ 时，$\dfrac{\partial R_t}{\partial \lambda} > 0$。这表明风电场运营一段时间后，开发速度随着技术研发成功可能性的提高而提高。即技术研发进行到相当一段长时间后，由于对利润的追逐导致加快开发速度，对新技术的依赖程度大大下降。

技术引进情形中，$\dfrac{\partial R_t}{\partial \lambda}$ 的符号不仅与 $\dfrac{rTe^{rt}-e^{rT}+1}{r(e^{rT}-1)}$ 项相关，还与 $\beta(P-c)-\alpha P$ 项的符号相关。当 $\beta(P-c)=\alpha P$，$\dfrac{\partial R_t}{\partial \lambda}=0$；当 $\beta(P-c)>\alpha P$ 时，结论与上述分类结果相同；当 $\beta(P-c)<\alpha P$，结论恰好相反。

6.3 补贴政策不确定下的风能资源最优开发路径及其变动

相关符号的含义同 6.1 节，记 R_t,S_t 分别为 t 时刻风电场装机容量和该风电场区域剩余可装机容量；A,B 分别为风电场投产初期和末期的可装机容量；Q_t,C_t 分别为 t 时刻的风力发电量和发电成本；T 为风电场设计运营时间。

关于风能资源储量的运动方程、发电量与装机容量的关系、风能资源开发成本、风电价格的假设同 6.1 节。

假设 1 一段时期内一个地区的风能资源储量不变，且装机容量逐期可调。该区域的可装机容量的运动方程可表示为

$$\begin{cases} \dot{S}_t = -R_t \\ S_0 = A,\ S_T = B,\ S_t \geqslant 0 \end{cases} \tag{6-18}$$

假设 2 风电场出力稳定,即假设 t 时刻发电量仅与 t 时刻装机容量有关,即 t 时刻发电量为 $Q_t = \alpha R_t$,其中 α 为风电出力系数。

假设 3 风能资源开发成本主要取决于风机成本,且具有弱凸性。风机设备成本与装机容量呈高次曲线增长关系,考虑计算简洁性,假定成本函数为装机容量的二次型函数,又二次函数的常数项不影响目标函数的最优值,故取成本函数为标准型二次函数,即 $C_t = aR_t^2$,其中 a 为成本函数系数,且 $a > 0$。

假设 4 一定时期内风电以固定电价 P 优先全额并网。

假设 5 补贴政策出现时间是不确定的,视为随机变量,出现过程服从 Poisson 过程。即无论是从量补贴,还是从价补贴,风力发电补贴政策的出现服从 Poisson 分布。

设 λ_t 为 t 时刻首次实行补贴政策的条件概率。当 $t \geqslant 0$ 时,λ_t 连续;Π_t 为 t 时刻首次实行补贴政策的概率密度;Ω_t 为 t 时刻首次实行补贴政策的概率,则

$$\begin{cases} \lambda_t = \lambda > 0 \\ \Omega_t = \displaystyle\int_0^t \Pi_t \, \mathrm{d}t \\ \lambda_t = \dfrac{\Pi_t}{1 - \Omega_t} \\ \Pi_t = \lambda \mathrm{e}^{-\lambda_t} \end{cases} \tag{6-19}$$

虽然补贴政策发生时间是不确定的,但根据假设 5,补贴政策一旦实行,便将整个风能资源开发期分为两个阶段。假设补贴政策实行前后的两个阶段各期收益分别为 V_1,V_2,则补贴政策发生后面临的优化问题为

$$V(S_t) = \max \int_t^T V_2 \cdot \mathrm{e}^{-r\tau} \, \mathrm{d}\tau$$

$$\text{s. t.} \begin{cases} \displaystyle\int_t^T R_t \, \mathrm{d}\tau \leqslant S_t \\ R_t \geqslant 0, \ S_t \geqslant 0 \end{cases} \tag{6-20}$$

式中,r 为贴现率。风能资源开发整个目标期内的目标函数为

$$\max\colon V_1 \cdot (1-\Omega_t)+\Pi_t \cdot V(S_t) \tag{6-21}$$

6.3.1 从量补贴情形

假设 6 风力发电补贴政策实行从量补贴,补贴系数为 γ_0,即 t 时刻的补贴量为 $\gamma_0 Q_t$。

从量补贴政策实行前后的目标可以具体表示为

$$\max\colon V_1 = PQ_t - C_t = \alpha PR_t - aR_t^2$$

$$\max\colon V_2 = PQ_t - C_t + \gamma_0 Q_t = \alpha(P+\gamma_0)R_t - aR_t^2$$

因此,从量补贴情形下,补贴政策不确定的风能资源开发的动态优化模型为

$$W_t = \max\int_t^T \left[(\alpha PR_t - aR_t^2)\cdot(1-\Omega_t)+\Pi_t \cdot V(S_t)\right]e^{-rt}dt$$

$$\text{s. t.}\begin{cases}\dot{S}_t = -R_t \\ S_0 = A,\ S_T = B\end{cases} \tag{6-22}$$

运用最优控制理论对式(6-22)的优化问题进行求解,其现值 Hamilton 函数为

$$H_c = (\alpha PR_t - aR_t^2)\cdot e^{-\lambda_t}+\lambda e^{-\lambda_t}V(S_t)-m_t R_t \tag{6-23}$$

式中,$m_t = \lambda_t e^{rt}$ 为现值拉格朗日乘子。正则方程为

$$\dot{S}_t = \frac{\partial H_c}{\partial m_t} = -R_t \tag{6-24}$$

$$\dot{m}_t = rm_t - \frac{\partial H_c}{\partial S_t} = rm_t - \lambda e^{-\lambda_t}\frac{\partial V(S_t)}{\partial S_t} \tag{6-25}$$

一阶条件为

$$\frac{\partial H_c}{\partial R_t} = (\alpha P - 2aR_t)\cdot e^{-\lambda_t}-m_t = 0$$

解得

$$m_t = (\alpha P - 2aR_t)\cdot e^{-\lambda_t} \tag{6-26}$$

进一步考虑从量补贴政策实行后的优化问题,风力发电从量补贴情形下,式(6-22)的 Hamilton-Jacobi-Bellmen 方程为

$$rV(S_t) = \max\left[\alpha(P+\gamma_0)R_t - aR_t^2 - \frac{\partial V(S_t)}{\partial S_t}R_t\right]$$

上式对 R_t 求偏导,并令其等于 0,解得

$$\frac{\partial V(S_t)}{\partial S_t} = \alpha(P + \gamma_0) - 2aR_t \tag{6-27}$$

将式(6-26)、式(6-27)代入式(6-25),与式(6-26)求导后联立,并结合式(6-18),得

$$\ddot{S}_t - r\dot{S}_t = \frac{(\lambda + r)P - (P + \gamma_0)\lambda}{2a}\alpha$$

利用 Maple 软件计算上式,并结合式(6-18)的边界条件,可得

$$R_t = \frac{(A - B)r - kT}{e^{rT} - 1}e^{rt} + \frac{k}{r} \tag{6-28}$$

式中,$k = \dfrac{(\lambda + r)P - (P + \gamma_0)\lambda}{2a}\alpha$。

将式(6-28)对 λ 求偏导,得

$$\frac{\partial R_t}{\partial \lambda} = \frac{b + (\beta - \alpha)P}{2a(e^{rT} - 1)}Te^{rt} - \frac{b + (\beta - \alpha)P}{2ar} = \frac{b + (\beta - \alpha)P}{2a} \cdot \frac{rTe^{rt} - e^{rT} + 1}{r(e^{rT} - 1)} \tag{6-29}$$

6.3.2 从价补贴情形

假设7 风力发电补贴政策实行从价补贴,补贴系数为 γ_1,即 t 时刻的补贴量为 $\gamma_1 PQ_t$。

从价补贴政策实行前后的目标可以具体表示为

max:$V_1 = PQ_t - C_t = \alpha PR_t - aR_t^2$

max:$V_2 = PQ_t - C_t + \gamma_1 PQ_t = \alpha(1 + \gamma_1)PR_t - aR_t^2$

因此,从价补贴情形下,补贴政策不确定的风能资源开发的动态优化模型为

$$W_t = \max \int_t^T [(\alpha PR_t - aR_t^2) \cdot (1 - \Omega_t) + \Pi_t \cdot V(S_t)]e^{-rt}\,dt$$

$$\text{s. t.} \begin{cases} \dot{S}_t = -R_t \\ S_0 = A, \ S_T = B \end{cases} \tag{6-30}$$

运用最优控制理论对式(6-30)的优化问题进行求解,其现值

Hamilton 函数为

$$H_c = (\alpha P R_t - a R_t^2) \cdot e^{-\lambda_t} + \lambda e^{-\lambda_t} V(S_t) - m_t R_t \quad (6\text{-}31)$$

其中 $m_t = \lambda_t e^{rt}$ 为现值拉格朗日乘子。正则方程组为

$$\dot{S}_t = \frac{\partial H_c}{\partial m_t} = -R_t \quad (6\text{-}32)$$

$$\dot{m}_t = r m_t - \frac{\partial H_c}{\partial S_t} = r m_t - \lambda e^{-\lambda_t} \frac{\partial V(S_t)}{\partial S_t} \quad (6\text{-}33)$$

一阶条件为

$$\frac{\partial H_c}{\partial R_t} = (\alpha P - 2 a R_t) \cdot e^{-\lambda_t} - m_t = 0$$

解得

$$m_t = (\alpha P - 2 a R_t) \cdot e^{\lambda_t} \quad (6\text{-}34)$$

进一步考虑从价补贴政策实行后的优化问题,风力发电从价补贴情形下,式(6-30)的 Hamilton-Jacobi-Bellmen 方程为

$$r V(S_t) = \max\left[\alpha(1+\gamma_1) P R_t - a R_t^2 - \frac{\partial V(S_t)}{\partial S_t} R_t \right]$$

上式对 R_t 求偏导,并令其等于 0,解得

$$\frac{\partial V(S_t)}{\partial S_t} = (1+\gamma_1)\alpha P - 2 a R_t \quad (6\text{-}35)$$

求得

$$\ddot{S}_t - r \dot{S}_t = \frac{(\lambda + r) P - (1+\gamma_1)\lambda P}{2a}\alpha$$

利用 Maple 软件计算上式,并结合边界条件,可得

$$R_t = \frac{(A-B)r - lT}{e^{rT} - 1} e^{rt} + \frac{l}{r} \quad (6\text{-}36)$$

式中,$l = \dfrac{(\lambda + r) P - (1+\gamma_1)\lambda P}{2a}\alpha$。

将式(6-36)对 λ 求偏导,得

$$\frac{\partial R_t}{\partial \lambda} = \frac{b+(\beta-\alpha)P}{2a(e^{rT}-1)} T e^{rt} - \frac{b+(\beta-\alpha)P}{2ar} = \frac{b+(\beta-\alpha)P}{2a} \cdot \frac{rT e^{rt} - e^{rT} + 1}{r(e^{rT}-1)}$$

$$(6\text{-}37)$$

6.3.3   两种情形结果对比

从装机容量的最优路径看,从量补贴和从价补贴这两种情形,对风能资源开发的最优路径的影响在形式上较为一致。但同样由于 k 与 l 项展开后存在差异,导致最优路径的实际变动有较大的差异,具体路径的走向及差异与各变量的实际数值相关。

从装机容量的变动看,从量补贴和从价补贴这两种情形的结果比较一致。$\frac{\partial R_t}{\partial \lambda}$ 的符号仅与 $\frac{rTe^{rt}-e^{rT}+1}{r(e^{rT}-1)}$ 项相关,即取决于 rTe^{rt} 与 $e^{rT}-1$ 的大小关系。不难发现:

当 $t=\frac{1}{r}\ln\frac{e^{rT}-1}{rT}$ 时,$R_t=(A-B)r$。这表明风电场的最优开发速度仅与风能资源性质有关。

当 $t<\frac{1}{r}\ln\frac{e^{rT}-1}{rT}$ 时,$\frac{\partial R_t}{\partial \lambda}<0$。这表明在风电场运营初期,开发速度随着补贴政策实施的可能性的提高而降低。即初期补贴的可能性越高,开发速度越会减缓,补贴政策的可能出台会降低风电运营商的进取心。

当 $t>\frac{1}{r}\ln\frac{e^{rT}-1}{rT}$ 时,$\frac{\partial R_t}{\partial \lambda}>0$。这表明风电场运营一段时间后,开发速度随着补贴政策出台可能性的提高而提高。即到相当一段长时间后,从量或者从价补贴政策出台的可能性进一步增大,风电运营商会加大开发速度,以期通过补贴政策获取更多的收益。

6.4   成本控制不确定下的风能资源最优开发路径及其变动

相关符号的含义同 6.1 节,记 R_t,S_t 分别为 t 时刻风电场装机容量和该风电场区域剩余可装机容量;A,B 分别为风电场投产初期和末期的可装机容量;Q_t,C_t分别为t时刻的风力发电量和发电成本;T为风电场设计运营时间。

关于风能资源储量的运动方程、发电量与装机容量的关系、风能资源开发成本、风电价格的假设同 6.1 节,新增关于可变成本的假设。

假设 1　一段时期内一个地区的风能资源储量不变,且装机容量逐期可调。该区域的可装机容量的运动方程可表示为

$$\begin{cases} \dot{S}_t = -R_t \\ S_0 = A, \ S_T = B, \ S_t \geqslant 0 \end{cases} \qquad (6\text{-}38)$$

假设 2　风电场出力稳定,即假设t时刻发电量仅与t时刻装机容量有关,即t时刻发电量为$Q_t = \alpha R_t$,其中α为风电出力系数。

假设 3　风能资源开发成本由风机成本和发电成本组成,且具有弱凸性。风机设备成本与装机容量相关,发电成本和发电量相关,且考虑风机成本为装机容量的二次型函数,控制发电成本之前的发电成本为发电量的二次函数。取二次函数为标准型,即

$$C_t = aR_t^2 + bQ_t^2$$

式中 a,b 为成本函数系数,且 $a,b>0$。

假设 4　一定时期内风电以固定电价 P 优先全额并网。

假设 5　成功控制发电成本的时间是不确定的,视为随机变量,出现过程服从 Poisson 过程。即无论是控制发电成本的次数,还是控制其系数,成功控制发电成本的出现服从 Poisson 分布。

设 λ_t 为 t 时刻首次成功控制发电成本的条件概率。当 $t \geqslant 0$ 时,λ_t 连续;Π_t 为 t 时刻首次成功控制发电成本的概率密度;Ω_t 为 t 时刻首次成功控制发电成本的概率,则

$$\begin{cases} \lambda_t = \lambda > 0 \\ \Omega_t = \int_0^t \Pi_t \, \mathrm{d}t \\ \lambda_t = \dfrac{\Pi_t}{1 - \Omega_t} \\ \Pi_t = \lambda \mathrm{e}^{-\lambda_t} \end{cases} \tag{6-39}$$

虽然控制成本发生时间是不确定的,但根据假设 5,发电成本一旦成功控制,便将整个风能资源开发期分为两个阶段。假设发电成本控制前后的两个阶段各期收益分别为 V_1,V_2,则控制发电成本发生后面临的优化问题为

$$V(S_t) = \max \int_t^T V_2 \cdot \mathrm{e}^{-r\tau} \, \mathrm{d}\tau$$

$$\mathrm{s.\,t.} \begin{cases} \int_t^T R_t \, \mathrm{d}\tau \leqslant S_t \\ R_t \geqslant 0, \ S_t \geqslant 0 \end{cases} \tag{6-40}$$

式中,r 为贴现率。风能资源开发整个目标期内的目标函数为

$$\max: V_1 \cdot (1 - \Omega_t) + \Pi_t \cdot V(S_t) \tag{6-41}$$

6.4.1　控制发电成本系数情形

假设 6　控制风力发电成本仅降低了其系数,即 t 时刻的成本函数为 $C_t = aR_t^2 + cQ_t^2$,其中 $c < b$。

控制发电成本前后的目标可以具体表示为

$$\max: V_1 = \alpha P R_t - a R_t^2 - b(\alpha R_t)^2$$

$$\max: V_2 = \alpha P R_t - a R_t^2 - c(\alpha R_t)^2$$

因此,控制发电成本系数情形下,成本控制不确定的风能资源开发的动态优化模型为

$$W_t = \max \int_t^T \{ [\alpha P R_t - (a + b\alpha^2) R_t^2] \cdot (1 - \Omega_t) + \Pi_t \cdot V(S_t) \} \mathrm{e}^{-rt} \, \mathrm{d}t$$

$$\mathrm{s.\,t.} \begin{cases} \dot{S}_t = -R_t \\ S_0 = A, \ S_T = B \end{cases} \tag{6-42}$$

运用最优控制理论对式(6-42)的优化问题进行求解,其现值

Hamilton 函数为

$$H_c = [\alpha PR_t - (a + b\alpha^2)R_t^2] \cdot e^{-\lambda_t} + \lambda e^{-\lambda_t}V(S_t) - m_t R_t$$

$$(6-43)$$

式中，$m_t = \lambda_t e^{rt}$ 为现值拉格朗日乘子。正则方程为

$$\dot{S}_t = \frac{\partial H_c}{\partial m_t} = -R_t \tag{6-44}$$

$$\dot{m}_t = rm_t - \frac{\partial H_c}{\partial S_t} = rm_t - \lambda e^{-\lambda_t}\frac{\partial V(S_t)}{\partial S_t} \tag{6-45}$$

一阶条件为

$$\frac{\partial H_c}{\partial R_t} = [\alpha P - 2(a + b\alpha^2)R_t] \cdot e^{-\lambda_t} - m_t = 0$$

解得

$$m_t = [\alpha P - 2(a + b\alpha^2)R_t] \cdot e^{-\lambda_t} \tag{6-46}$$

进一步考虑控制发电成本系数后的优化问题，其 Hamilton-Jacobi-Bellmen 方程为

$$rV(S_t) = \max\left[\alpha PR_t - (a + c\alpha^2)R_t^2 - \frac{\partial V(S_t)}{\partial S_t}R_t\right]$$

上式对 R_t 求偏导，并令其等于 0，解得

$$\frac{\partial V(S_t)}{\partial S_t} = \alpha P - 2(a + c\alpha^2)R_t \tag{6-47}$$

解得

$$\ddot{S}_t - \left[r + \frac{(b-c)\alpha^2}{a + b\alpha^2}\lambda\right]\dot{S}_t = \frac{r\alpha P}{2(a + b\alpha^2)}$$

利用 Maple 软件计算上式，并结合边界条件，可得

$$R_t = \frac{(A - B)r - kT}{e^{rT} - 1}e^{rt} + \frac{k}{r} \tag{6-48}$$

式中，$k = \frac{(\lambda + r)P - (P + \gamma_0)\lambda}{2a}\alpha$。

将式(6-28)对 λ 求偏导，得

$$\frac{\partial R_t}{\partial \lambda} = \frac{b + (\beta - \alpha)P}{2a(e^{rT} - 1)}Te^{rt} - \frac{b + (\beta - \alpha)P}{2ar} = \frac{b + (\beta - \alpha)P}{2a} \cdot \frac{rTe^{rt} - e^{rT} + 1}{r(e^{rT} - 1)}$$

$$(6-49)$$

6.4.2 控制发电成本次数情形

假设7 控制风力发电成本降低了其次数，即 t 时刻的成本函数为 $C_t = aR_t^2 + dQ_t$。

控制发电成本前后的目标可以具体表示为

max：$V_1 = \alpha PR_t - aR_t^2 - b(\alpha R_t)^2$

max：$V_2 = \alpha PR_t - aR_t^2 - d\alpha R_t$

因此，控制发电成本次数情形下，成本控制不确定的风能资源开发的动态优化模型为

$$W_t = \max \int_t^T \{[\alpha PR_t - (a + b\alpha^2)R_t^2] \cdot (1 - \Omega_t) + \Pi_t \cdot V(S_t)\} e^{-rt} dt$$

$$\text{s. t.} \begin{cases} \dot{S}_t = -R_t \\ S_0 = A, \ S_T = B \end{cases} \tag{6-50}$$

运用最优控制理论对式（6-50）的优化问题进行求解，其现值 Hamilton 函数为

$$H_c = [\alpha PR_t - (a + b\alpha^2)R_t^2] \cdot e^{-\lambda_t} + \lambda e^{-\lambda_t} V(S_t) - m_t R_t \tag{6-51}$$

式中，$m_t = \lambda_t e^{rt}$ 为现值拉格朗日乘子。正则方程为

$$\dot{S}_t = \frac{\partial H_c}{\partial m_t} = -R_t \tag{6-52}$$

$$\dot{m}_t = rm_t - \frac{\partial H_c}{\partial S_t} = rm_t - \lambda e^{-\lambda_t} \frac{\partial V(S_t)}{\partial S_t} \tag{6-53}$$

一阶条件为

$$\frac{\partial H_c}{\partial R_t} = [\alpha P - 2(a + b\alpha^2)R_t] \cdot e^{-\lambda_t} - m_t = 0$$

解得 $$m_t = [\alpha P - 2(a + b\alpha^2)R_t] \cdot e^{-\lambda_t} \tag{6-54}$$

进一步考虑控制发电成本次数后的优化问题，其 Hamilton-Jacobi-Bellmen 方程为

$$rV(S_t) = \max \left[(P - d)\alpha R_t - aR_t^2 - \frac{\partial V(S_t)}{\partial S_t} R_t \right]$$

上式对 R_t 求偏导，并令其等于 0，解得

$$\frac{\partial V(S_t)}{\partial S_t} = (P-d)\alpha - 2aR_t \tag{6-55}$$

解得 $\quad \ddot{S}_t - \left(r + \dfrac{b\alpha^2}{a+b\alpha^2}\lambda\right)\dot{S}_t = \dfrac{\alpha P(r+\lambda) - \lambda\alpha(P-d)}{2(a+b\alpha^2)}$

利用 Maple 软件计算上式,并结合边界条件,可得

$$R_t = \frac{(A-B)r - kT}{\mathrm{e}^{rT}-1}\mathrm{e}^{rt} + \frac{k}{r} \tag{6-56}$$

式中,$k = \dfrac{(\lambda+r)P - (P+\gamma_0)\lambda}{2a}\alpha$。

将式(6-28)对 λ 求偏导,得

$$\frac{\partial R_t}{\partial \lambda} = \frac{b+(\beta-\alpha)P}{2a(\mathrm{e}^{rT}-1)}T\mathrm{e}^{rt} - \frac{b+(\beta-\alpha)P}{2ar} = \frac{b+(\beta-\alpha)P}{2a} \cdot \frac{rT\mathrm{e}^{rt} - \mathrm{e}^{rT} + 1}{r(\mathrm{e}^{rT}-1)}$$

$$\tag{6-57}$$

6.4.3　两种情形结果对比

无论是从装机容量的最优路径看,还是从装机容量的变动看,控制发电成本系数和控制发电成本次数这两种情形的研究结果都较为一致。

其中,表示装机容量变动的 $\dfrac{\partial R_t}{\partial \lambda}$,其符号仅与 $\dfrac{rT\mathrm{e}^{rt} - \mathrm{e}^{rT} + 1}{r(\mathrm{e}^{rT}-1)}$ 项相关,即取决于 $rT\mathrm{e}^{rt}$ 与 $\mathrm{e}^{rT}-1$ 的大小关系。

当 $t = \dfrac{1}{r}\ln\dfrac{\mathrm{e}^{rT}-1}{rT}$ 时,$R_t = (A-B)r$。这表明风电场的最优开发速度仅与风能资源性质有关。

当 $t < \dfrac{1}{r}\ln\dfrac{\mathrm{e}^{rT}-1}{rT}$ 时,$\dfrac{\partial R_t}{\partial \lambda} < 0$。这表明在风电场运营初期,开发速度随着成本控制成功的可能性的提高而降低。即由于初期风电运营商获取的利润还相对较少,运营成本较大,初期成本下降的可能性越高,越会减缓开发速度,期望借助成本控制的成功来降低后期运营成本。

当 $t > \dfrac{1}{r}\ln\dfrac{\mathrm{e}^{rT}-1}{rT}$ 时,$\dfrac{\partial R_t}{\partial \lambda} > 0$。这表明风电场运营一段时间

后,开发速度随着成本控制成功可能性的提高而提高。即到相当一段长时间后,风电运营商的投资已经收回了部分收益,运营风险已经大大下降,此时成本已不再是决定开发速度的直接主要原因,风电开发规模化扩张的收益可能大于由此造成的成本增加。

6.5　本章小结

本章针对风能资源开发的动态调整过程中可能出现的不确定因素,分别从发电量、收益、成本3个方面,选择了技术进步、补贴政策和成本控制3种不确定因素,运用动态最优技术分别构建了风能资源开发的动态模型,获得了风能资源开发最优路径的显式解,讨论了不确定因素的出现对风能资源后期开发的影响。研究结论表明:

(1) 研究结论的正确性依赖于动态模型构建的科学性。

风能资源的开发是一个受多因素影响的复杂动态过程,但部分因素并非自始至终直接影响风能资源开发,而是作为不确定性变量,在某个时间点出现并开始影响风能资源开发。影响因素的不确定性以及出现的不可预见性可能会对风能资源开发造成潜在激励或约束,从而更为复杂地影响风能资源开发路径。因此,如何科学地构建动态模型,尽可能再现不确定性变量的真实特征,将直接决定模型结论的正确与否。本章从3个不同方面选择了对风能资源开发较为重要的不同变量,并谨慎地刻画了其不确定特征,研究结论具有一定的科学性。但更深入地审视不确定性变量的选择与模型构建,应该更有利于风能资源的开发实践。

(2) 技术引进不确定较自主研发不确定而言,对风能资源开发的影响更为复杂。

本章在引入不确定性变量的同时,考虑了其出现的两种不同情形,并进行了横向对比。根据本章构建的动态模型,发现通过内部自主研发和通过外部技术引进实现风力发电技术进步这两种情形,对装机容量最优路径的影响在形式上较为一致,但具体路径的走向与各变量的实际数值相关,差异可能较大;对装机容量变动的影响方面,运营初期自主研发成功的可能性越高,会减缓现有开发速度,而期待运用新技术获得更多的利润。相当一段长时间后,由于对利润的追逐导致加快开发速度,对新技术的依赖程度大大下降。

(3)从量补贴不确定与从价补贴不确定相比,对风能资源开发变化的影响较为一致。

从量补贴和从价补贴这两种情形,对风能资源开发的最优路径的影响在形式上较为一致。但具体路径的走向与各变量的实际数值相关,差异可能较大;对装机容量变动的影响方面,两种情形的结果比较一致。运营初期补贴的可能性越高,开发速度越会减缓,风电运营商对补贴政策的期望与依赖较为明显。相当一段长时间后,从量或者从价补贴政策出台的可能性进一步增大,风电运营商会加大开发速度,以期通过补贴政策获取更多的收益。

研究表明从量或者从价补贴政策对风能资源开发变化的影响一致,能起到相应的激励效果。但对风能资源开发最优路径的影响还存在差异,能发挥不同的补贴效果。

(4)发电成本系数控制不确定与成本次数控制不确定相比,对风能资源开发路径及其变化的影响较为一致。

控制发电成本系数和控制发电成本次数这两种情形,对风能资源开发的最优路径的影响较为一致,对风能资源开发变化的影响也较为一致。运营初期风电运营商盈利能力相对较差,运营成本较大,初期成本下降的可能性越高,越会减缓开发速度,期望借助成本控制的成功来降低后期运营成本。相当一段长时间后,风电运营商的投资已经收回了部分收益,运营风险已经大大下降,此时成本已不再是决定开发速度的直接主要原因,风电开发规模化扩张的收益可能大于由此造成的成本增加。

研究表明控制发电成本系数和控制发电成本次数同样重要,

成本控制对风能资源开发初期的影响最大,其成功与否直接影响风电场的盈利能力和可持续发展。随着风能资源开发深入(包括技术进步、管理水平、资金周转等方面的改善),规模化扩张的收益可能大于由此造成的成本增加,但成本控制对风电场净利润的影响同样具有重要意义。

第7章 结论与展望

后京都时代各国努力的目标是如何广泛地达成新的约束发达国家和发展中国家碳排放的框架协议。发达国家和发展中国家主要在碳排放的空间分配这一关键问题存在较大争议,但在推进碳减排上看法还是一致的。无论是出于自身环保的需求,还是对国际谈判先机的追逐,可再生能源已经在世界范围内得到了无可置疑的高速发展。根据《全球可再生能源发展报告2014》相关数据显示,2008—2013年全球风电年均增长率为21%;2013年全球风电新增装机35 GW,累计装机容量超过318 GW;2013年全球海上风电新增1.6 GW,再创新高。2012年的能源占比中,现代可再生能源占大约10%。其中,热能大约占总终端能源利用的4.2%,水力发电占3.8%,风能、太阳能、地热能、生物质能约占1.2%,生物液体燃料约占0.8%。可再生能源尤其是风能资源的发展空间还十分巨大。

就我国风能资源的开发实践来看,已经从追赶者跃居为领跑者,2010年底我国装机容量已经居世界第一,我国风能资源的开发已经取得突破性进展。但也应清醒地认识到,我国仅在装机容量方面实现了领跑,在风电核心技术、风电产业链的健壮性、风电发展的规划与管理、风电的市场竞争力等多个方面,与风电强国的差距还较为明显。想要在未来的可再生能源领域有所作为,我国还有很长的路要走。 我们认为,风能资源的开发可以通过初期的规模化扩张,实现量的突破,推动社会资本进入风电产业,使风电产业逐步摆脱对国家扶持政策的依赖,实现自力更生、自负盈亏的发展目标。但也绝不应局限于此,风能资源的开发应是一个多领域共同推进的复杂工程,不应将装机容量的发展作为风能资源开发的唯一工作。加快转变管理思维、推进管理体制创新、研发具有自主知识产权的风电核心技术、培育并规制风电产业链的协调发展、强化风电项目规划的科学意识、改善风电项目的运营绩效、提升风电价格的市场竞争力,是我国目前阶段必须要重视的工作重点。此时,须注重将风能资源的发展从量变转化为质变,高度重视风能资源开发的内涵建设。

对我国风能资源开发最优模式的研究,是一个系统而庞大的工程,需要更为全面、深入的研究。本书系统梳理了我国风能资源开发与风电产业发展的现状,从风电发展的规划与管理角度出发,对其中比较突出的风能资源开发的宏观选址、投资规模、最优路径等问题进行了尝试性研究,得出了若干有益结论。

我国风能资源开发的宏观选址方面:(1)我国风能资源选址价值较大的区域大致可归纳为:东部沿海、华北北部、西北、东南沿海、东北中部等 5 个地区。(2)我国风能资源宏观选址价值从大至小依次为:东部沿海、华北北部、西北、东南沿海、东北中部地区。(3)东部沿海地区发展风电的主要优势是:拥有漫长的海岸线、丰富的浅海辐射沙洲、巨大的电力消费市场、雄厚的技术资本实力、陆基风电和离岸风电的发展条件较为突出。(4)华北北部地区发展风电的主要优势是:地势开阔平坦、风能品位质量高、风向风速稳定、风能资源储量丰富、直接受东北与华北经济板块的支撑、发展大型与超大型风电场的条件较为突出。但电源结构单一、电网接纳能力差等缺陷同样明显,制约其战略价值的提升。(5)西北地区发展风电的主要优势是:风能资源储量丰富、地理空间广袤、中部与西部板块的潜在需求巨大,为发展大型甚至超大型风电场提供了机遇。但风电配套电网工程建设滞后、电力市场需求增长乏力等缺陷仍需克服。(6)东南沿海与东北地区的风能资源与电力需求的耦合度较高,为开发风能资源奠定了坚实基础。但东南沿海地区发展风电对风机设备质量、应对灾害性天气的要求较高,应努力发展近海风电。东北地区应更重视风电产业的协调发展、强化风电技术创新意识。

我国风能资源开发的最优投资规模与收益方面:(1)风电项目的投资规模与总收益之间呈倒"U"形关系。最优投资规模的确定就是要在风速与电力需求双重不确定约束下,寻找内部的最优解。(2)风速的位置参数对最优投资规模的扰动较小,与最大收益呈正向关系。而形状参数与最优投资规模之间存在反"J"形曲线关系,与最大收益之间存在倒"U"形曲线关系。(3)电力需求的均值参数对最优投资规模及最大收益的扰动较大,且均呈正向关系。而方差参数对最优投资规模的扰动较小,与最大收益呈反向关系。

我国风能资源最优开发路径的不确定因素方面:(1)技术进步不确定、补贴政策不确定、成本控制不确定,对风能资源开发都有较为明显的影响。在推进我国风能资源开发的过程中,应高度重视不确定因素所造成的影响,应努力实现风力发电技术的进步与成本的控制,并制定切实有效的扶持政策,以助推风能资源开发尽快实现最优增长。(2)技术引进不确定较自主研发不确定而言,对风能资源开发的影响更为复杂。应高度重视技术引进可能造成的复杂后果,努力加快风电核心技术的自主研发进程,摆脱核心技术受制于人的困境。同时应重视自主研发过程中的不确定性对风能资源开发变动的影响,控制技术研发不确定可能造成的负面作用。(3)从量补贴与从价补贴对风能资源开发变化的影响较为一致,表明两种补贴政策能起到相应的激励效果。从量补贴和从价补贴对风能资源开发的最优路径的影响在形式上较为一致,在具体路径的走向上差异可能较大,表明两种补贴政策发挥不同的补贴效果。在风能资源开发过程中应重视补贴政策发挥的重要作用,针对不同的开发阶段制定相应的扶持政策。(4)发电成本系数控制不确定与成本次数控制不确定对风能资源开发路径及其变化的影响较为一致。这表明控制发电成本系数和控制发电成本次数同样重要,成本控制对风能资源开发初期的影响最大,其成功与否直接影响风电场的盈利能力和可持续发展。随着风能资源开发的深入,规模化扩张的收益可能大于由此造成的成本增加,但成本控制对风电场净利润的影响同样具有重要意义。

展望我国风能资源的开发以及风电产业的发展,机遇与挑战并存。国际国内的能源、经济、环境的现状及发展趋势,要求清洁能源的消费规模与消费比例必须进一步增加。制造工艺与利用技术的进步,则会进一步降低风能资源开发的成本,使其更具市场竞争力。总体来说,风能资源开发与风电产业发展的空间与潜力将十分巨大。但风能资源开发过程中存在众多客观、主观的不确定因素,对其发展前景还需保持一定的谨慎态度。虽然本书对风能资源开发过程的宏观选址、最优投资规模、最大收益、最优开发路径等重要的前期环节进行了系统研究,但由于不确定因素对风能资源开发的影响过于复杂,本书的研究也只能选取了几个特定的角度并展开一些肤浅的研究而已。

对我国风能资源开发的研究,可以对研究视野进行拓展,对更为复杂的风电项目的微观选址、风电项目的并网、风电价格的形成机制等多个存在不确定干扰的方面展开更全面地探讨;也可以对本书的研究内容进行更深入地挖掘,通过完善评价指标体系、细化电力消费区域等级、完善投影寻踪评价模型,更好地研究风能资源的宏观选址;通过拓展风电项目投资模型、考虑更多随机变量的共同约束、考虑与其他发电企业的交互,更好地研究风电项目的最优投资规模与收益;通过在风能资源最优开发中更全面地考虑其他不确定变量的出现或者多个不确定变量的同时发生,更好地研究风能资源的最优开发。总之,我国风能资源开发与风电产业发展领域大有文章可做。

附 录

表 1 我国历年装机容量数据

年份/年	累计装机容量/MW	当年新增装机容量/MW
1990	4.1	—
1991	4.9	0.8
1992	14.5	9.6
1993	17.1	2.6
1994	26.3	9.2
1995	37.6	11.3
1996	56.6	19
1997	167.00	110.4
1998	224.00	57
1999	268.00	44
2000	341.53	73.53
2001	398.74	57.21
2002	465.05	66.31
2003	563.35	98.3
2004	760.10	196.75
2005	1 267.01	506.91
2006	2 554.61	1 287.6
2007	5 865.86	3 311.25
2008	12 019.59	6 153.73
2009	25 805.30	13 785.71
2010	44 733.29	18 927.99
2011	62 364	17 630
2012	75 324	12 960
2013	91 413	16 809

资料来源:CWEA

表 2 各省市历年累计装机容量

MW

省份	2002年	2003年	2004年	2005年	2006年	2007年	2008年	2009年	2010年	2011年	2012年	2013年
辽宁	102.46	126.46	126.46	127.46	232.26	515.31	1 249.76	2 425.31	4 066.86	5 249.3	6 118.3	6 758.01
新疆	89.65	103.45	113.05	181.41	206.61	299.31	576.81	1 002.56	1 363.56	2 316.1	3 306.1	6 452.06
内蒙古	76.34	88.34	135.14	165.74	508.89	1 563.19	3 735.44	9 196.16	13 858.01	17 504.4	18 623.8	20 270.31
广东	79.79	86.39	86.39	140.54	211.14	287.39	366.89	569.34	888.78	1 302.4	1 691.3	2 218.88
浙江	33.35	33.35	33.85	34.15	33.25	47.35	194.63	234.17	298.17	367.2	481.7	610.27
吉林	30.06	30.06	30.06	109.36	252.71	612.26	1 069.46	2 063.86	2 940.86	3 564.4	3 997.4	4 379.86
山东	5.565	25.165	33.565	83.85	144.6	350.2	572.3	1 219.1	2 637.8	4 562.3	5 691	6 980.5
甘肃	16.2	21.6	52.2	52.2	127.75	338.3	636.95	1 187.95	4 943.95	5 409.2	6 479	7 095.95
河北	13.45	13.45	35.05	108.25	325.75	491.45	1 110.7	2 788.1	4 921.5	7 070	7 978.8	8 499.9
福建	12.8	12.8	12.8	58.75	88.75	237.75	283.75	567.25	833.7	1 025.7	1 290.7	1 556.2
海南	8.755	8.755	8.755	8.7	8.7	8.7	58.2	196.2	256.7	256.7	304.7	304.7
宁夏		10.2	55.25	112.95	159.45	355.2	393.2	682.2	1 182.7	2 875.7	3 565.7	4 450.4
黑龙江		3.6	36.3	57.35	165.75	408.25	836.3	1 659.75	2 370.05	3 445.8	4 264.4	4 887.35
上海		3.4	4.9	24.4	24.4	24.4	39.4	141.9	269.35	318	352	369.95
江苏					108	293.75	648.25	1 096.75	1 467.75	1 967.6	2 372.1	2 915.65
北京						49.5	64.5	152.5	152.5	155	155	156.5

续表

省份	2002年	2003年	2004年	2005年	2006年	2007年	2008年	2009年	2010年	2011年	2012年	2013年
天津						1.5	1.5	1.5	102.5	243.5	278	305
山西						5	127.5	320.5	947.5	1 881.1	2 907.1	4 216.05
河南						3	50.25	48.75	121	300	492.6	647.15
湖北						13.6	13.6	26.35	69.75	100.4	193.9	647.5
湖南						1.65	1.65	4.95	97.25	185.3	249.3	771.25
云南							78.75	120.75	430.5	932.3	1 964	2 484
江西							42	84	84	133.5	287.5	325.5
重庆							1.7	13.6	46.75	46.8	104.4	124.05
广西								2.5	2.5	79	203.5	360.5
陕西									177	497.5	709.5	1 292.5
安徽									148.5	297	494	591.5
贵州									42	195.1	507.1	1 190.1
青海									11	66.5	181.5	386
四川										16	79.5	157
香港										0.8	0.8	0.8

资料来源:施鹏飞,《中国风电装机容量统计》(2002—2013)

MW

表3　各省市历年新增装机容量

省份	2003年	2004年	2005年	2006年	2007年	2008年	2009年	2010年	2011年	2012年	2013年
辽宁	24	0	1	104.8	283.05	734.45	1 175.55	1 641.55	1 182.5	869	639.7
新疆	13.8	9.6	68.36	25.2	92.7	277.5	425.75	361	952.5	990	3 146
内蒙古	12	46.8	30.6	343.15	1 054.3	2 172.25	5 460.72	4 661.85	3 736.4	1 119.4	1 646.5
广东	6.6	0	54.15	70.6	76.25	79.5	202.45	319.44	413.6	388.9	527.6
浙江	0	0.5	0.3	−0.9	14.1	147.28	39.54	64	69	114.5	128.6
吉林	0	0	79.3	143.35	359.55	457.2	994.4	877	622.5	433	382.5
山东	19.6	8.4	50.285	60.75	205.6	222.1	646.8	1 418.7	1 924.5	1 128.7	1 289.55
甘肃	5.4	30.6	0	75.55	210.55	298.65	551	3 756	465.2	1 069.8	617
河北	0	21.6	73.2	217.5	165.7	619.25	1 677.4	2 133.4	2 175.5	908.8	521.1
福建	0	0	45.95	30	149	46	283.5	266.45	192	265	265.5
海南	0	0	0	0	0	49.5	138	60.5	0	48	0
宁夏	10.2	45.05	57.7	46.5	195.75	38	289	500.5	1 703.5	690	884.7
黑龙江	3.6	32.7	21.05	108.4	242.5	428.05	823.45	710.3	1 075.8	818.6	623
上海	3.4	1.5	19.5	0	0	15	102.5	127.45	48.6	34	18
江苏			108	108	185.75	354.5	448.5	371	372.3	404.5	543.6

续表

省份	2003年	2004年	2005年	2006年	2007年	2008年	2009年	2010年	2011年	2012年	2013年
北京					49.5	15	88	0	2.5	0	1.5
天津					1.5	0	0	101	141	34.5	27
山西					5	122.5	193	627	933.6	1 026	1 308.95
河南					3	47.25	−1.5	72.25	179	192.6	154.6
湖北					13.6	0	12.75	43.4	30.7	93.5	453.6
湖南					1.65	0	3.3	92.3	88	64	522
云南						78.75	42	309.75	501.8	1 031.8	520
江西						42	42	0	49.5	154	38
重庆						1.7	11.9	33.15	0	57.6	19.7
广西							2.5	0	76.5	124.5	157
陕西								177	320.5	212	583
安徽								148.5	148.5	197	97.5
贵州								42	153.1	312	683
青海								11	56.5	115	204.5
四川									16	63.5	77.5
西藏											7.5

资料来源：根据施鹏飞《中国风电装机容量统计》(2002—2013)计算得到

MW

表 4　各区域历年累计装机容量

区域	2002年	2003年	2004年	2005年	2006年	2007年	2008年	2009年	2010年	2011年	2012年	2013年
西北	105.85	135.25	220.5	346.56	493.81	992.81	1 606.96	2 872.71	7 678.21	11 165	14 241.8	19 676.91
东北	132.52	160.12	192.82	294.17	650.72	1 535.82	3 155.52	6 148.92	9 377.77	12 259.5	14 380.1	16 025.22
华北	89.79	101.79	170.19	273.99	834.64	2 110.64	5 039.64	12 458.76	19 982.01	26 854	29 942.7	33 447.76
华东	51.715	74.715	85.115	201.15	399	953.45	1 780.33	3 343.17	5 739.27	8 671.3	10 969	13 349.57
华南	88.545	95.145	95.145	149.24	219.84	296.09	425.09	768.04	1 147.98	1 638.1	2 199.5	2 884.08
西南	0	0	0	0	0	0	80.45	134.35	519.25	1 190.2	2 655	3 955.15

资料来源：根据施鹏飞《中国风电场装机容量统计》(2002—2013)计算得到

MW

表 5　各区域历年新增装机容量

区域	2002年	2003年	2004年	2005年	2006年	2007年	2008年	2009年	2010年	2011年	2012年
西北	29.4	85.25	126.06	147.25	499	614.15	1 265.75	4 805.5	3 498.2	3 076.8	5 435.2
东北	27.6	32.7	101.35	356.55	885.1	1 619.7	2 993.4	3 228.85	2 880.8	2 120.6	1 645.2
华北	12	68.4	103.8	560.65	1 276	2 929	7 419.12	7 523.25	6 989	3 088.7	3 505.05
华东	23	10.4	116.035	197.85	554.45	826.88	1 562.84	2 396.1	2 804.4	2 297.7	2 380.75
华南	6.6	0	54.15	70.6	76.25	129	342.95	379.94	490.1	561.4	684.6
西南	0	0	0	0	0	80.45	53.9	384.9	670.9	1 464.9	1 307.7

资料来源：根据施鹏飞《中国风电场装机容量统计》(2002—2013)计算得到

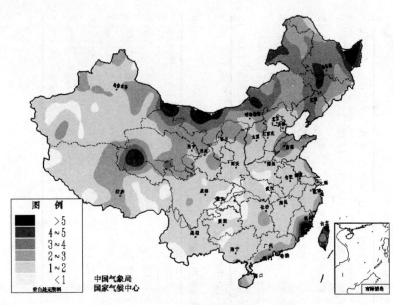

图1　全国平均风速分布图(单位:m/s)

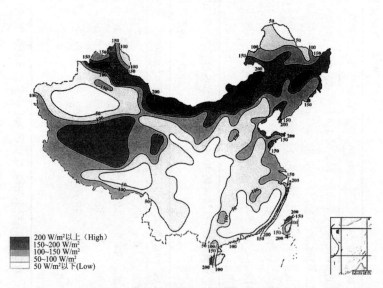

图2　中国有效风功率密度分布图

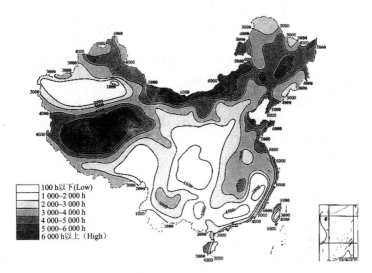

100 h以下(Low)
1 000~2 000 h
2 000~3 000 h
3 000~4 000 h
4 000~5 000 h
5 000~6 000 h
6 000 h以上（High）

图 3　中国全年风速大于 3 m/s 小时数分布图

基于实数编码加速遗传算法的投影寻踪评价仿真主程序

```
%% 第一步:仿真参数设置
clear
load data. txt
D = data´;              %导入 D 矩阵
[n,p] = size(D);
year = 1:n;             %选择参与计算的样本,默认选择全部
Year = [1: + 1:5];
Factor = 1:p;           %选择部分指标,默认选择全部
D = D(year,Factor);
K = 400;                %迭代次数
N = 100;                %种群规模
Pm = 0.3;               %变异概率
LB = - ones(1,p);       %决策变量的下界
UB = ones(1,p);         %决策变量的上界
Alpha = 0.1;            %窗口半径系数,典型取值 0.1b
```

```matlab
%% 调用加速遗传算法
[BESTX,BESTY,ALLX,ALLY] = IGAUCP(K,N,Pm,LB,UB,D,Alpha);
%Best_a        最佳投影向量
%BESTY         投影寻踪模型中的目标函数的变化情况
Best_a = (BESTX)′;              %方向向量
d = zeros(n,p);
Djmax = max(D);
Djmin = min(D);
for i = 1 : n
    d(i, : ) = (D(i, : ) - Djmin) ./ (Djmax - Djmin);
end
Z = zeros(n,1);
for i = 1 : n
    Z(i) = abs(sum(Best_a. * d(i, : )));
end
Z = abs(Z);


%%
figure(2)                    %投影散布图
plot(Year,abs(Z));
%axis([1,12,0,2.5]);%图形边界根据需要显示
grid on
xlabel('   ');
ylabel('Projective Value');
%%
figure(3)
[newZ,I] = sort(Z);
newyear = year(I);
plot(year, abs(newZ),'bd','LineWidth', 1,'MarkerEdgeColor',
'k','MarkerFaceColor','b','MarkerSize',5)
%axis([1,12,0,2.5]);%图形边界根据需要显示
```

```
grid on
xlabel('  ','FontName','TimesNewRoman','FontSize',12);
ylabel('Projective Value','FontName','Times New Roman',
'Fontsize',12);

% %
disp('最佳投影向量为')
disp(Best_a);
```

参考文献

[1] Sesto E. Wind energy in the world: Reality and prospects [J]. Renewable Energy,1999, 16(1-4): 888-893.

[2] Semprevivia A, Barthelmie R, Pryor S. Review of methodologies for offshore wind resource assessment in european seas[J]. Surveys in Geophysics,2008, 29(6): 471-497.

[3] Gustavson M R. Limits to wind power utilization[J]. Science, 1979, 204(4388): 13-17.

[4] 薛桁,朱瑞兆,杨振斌,等.中国风能资源贮量估算[J].太阳能学报,2001,22(2): 167-170.

[5] Singh S, Bhatti T, Kothari D. A review of wind resource assessment technology[J]. Journal of Energy Engineering, 2006, 132(1): 8-14.

[6] Lackner M A, Rogers A L, Manwell J F. Uncertainty analysis in wind resource assessment and wind energy production estimation [C]//45th AIAA aerospace sciences meeting and exhibit, AIAA-2007-1222,2007.

[7] Lackner M A, Rogers A L, Manwell J F. Uncertainty analysis in MCP-Based wind resource assessment and energy production estimation[J]. Journal of Solar Energy Engineering,2008,130(3): 0310061-03100610.

[8] Lackner M A, Rogers A L, Manwell J F. The round robin site assessment method: A new approach to wind energy site assessment[J]. Renewable Energy, 2008, 33(9): 2019-2026.

［9］ 李自应，王明. 云南风能可开发地区风速的韦布尔分布参数及风能特征值研究［J］. 太阳能学报，1998，19(3)：248-253.

［10］ Weisser D. A wind energy analysis of Grenada：an estimation using the "Weibull" density function［J］. Renewable Energy，2003，28(11)：1803-1812.

［11］ 吴丰林，方创琳. 中国风能资源价值评估与开发阶段划分研究［J］. 自然资源学报，2009，24(8)：1412-1421.

［12］ 杨振斌，薛桁，桑建国. 复杂地形风能资源评估研究初探［J］. 太阳能学报，2004，25(6)：744-749.

［13］ 李艳，王元，汤剑平. 中国近地层风能资源的时空变化特征［J］. 南京大学学报：自然科学版，2007，43(3)：280-291.

［14］ 江东，王建华. 空间信息技术支持下的沿海风能资源评价［J］. 地理科学进展，2004，23(6)：41-48.

［15］ 黄世成，姜爱军，刘聪，等. 江苏省风能资源重新估算与分布研究［J］. 气象科学，2007，27(4)：407-412.

［16］ 龚强，于华深，蔺娜，等. 辽宁省风能、太阳能资源时空分布特征及其初步区划［J］. 资源科学，2008，30(5)：654-661.

［17］ 吴丰林，方创琳，蔺雪芹. 环渤海地区风能资源开发与大规模非并网风电产业基地建设［J］. 资源科学，2008，30(11)：1640-1647.

［18］ Ciaccia G，Doni N，Fontini F. Auctioning wind power sites when environmental quality matters［J］. Energy Policy，2010，38(4)：1734-1740.

［19］ Ladenburg J. Stated public preferences for on-land and off-shore wind power generation：a review［J］. Wind Energy，2009，12(2)：171-181.

［20］ Herbert G M J，Iniyan S，Sreevalsan E，et al. A review of wind energy technologies［J］. Renewable and Sustainable Energy Reviews，2007，11(6)：1117-1145.

［21］ Gaudiosi G. Offshore wind energy in the mediterranean and other European Seas[J]. Renewable Energy, 1994, 5(1-4): 675-691.

[22] Gaudiosi G. Offshore wind energy in the world context[J]. Renewable Energy, 1996, 9(1-4): 899-904.

[23] Gaudiosi G. Offshore wind energy prospects[J]. Renewable Energy, 1999, 16(1-4): 828-834.

[24] Alboyaci B, Dursun B. Electricity restructuring in Turkey and the share of wind energy production[J]. Renewable Energy, 2008, 33(11): 2499-2505.

[25] Zhixin W, Chuanwen J, Qian A, et al. The key technology of offshore wind farm and its new development in China [J]. Renewable and Sustainable Energy Reviews, 2009, 13 (1): 216-222.

[26] Lewis G M. High value wind: A method to explore the relationship between wind speed and electricity locational marginal price[J]. Renewable Energy, 2008, 33(8): 1843-1853.

[27] Toke D, Wolsink M. Wind power deployment outcomes: How can we account for the differences? [J]. Renewable and Sustainable Energy Reviews, 2008, 12(4): 1129-1147.

[28] 张文佳,张永战.中国风电的时空分布特征和发展趋势[J]. 自然资源学报,2007,22(4): 585-595.

[29] 张蕾.东北地区风能资源开发与风电产业发展[J].资源科学,2008,30(6): 896-904.

[30] Georgilakis P. Technical challenges associated with the integration of wind power into power systems[J]. Renewable and Sustainable Energy Reviews,2008, 12(3): 852-863.

[31] 顾为东.中国风电产业发展新战略与风电非并网理论[M]. 北京:化学工业出版社,2006.

[32] 顾为东.大规模非并网风电产业体系研究[J].中国能源,

2008,30(11)：14-17,38.

[33] 方敏,金春鹏,顾为东.大规模非并网风电产业体系图谱研究[J].资源科学,2009,31(11)：1870-1879.

[34] 李茂勋.中部崛起中的风能资源开发与非并网风电产业发展重点研究[J].资源科学,2008,30(11)：1684-1693.

[35] 刘海燕,方创琳,蔺雪芹.西北地区风能资源开发与大规模并网及非并网风电产业基地建设[J].资源科学,2008,30(11)：1667-1676.

[36] 祁巍锋.长江三角洲地区风能资源开发与大规模非并网风电产业基地建设[J].资源科学,2008,30(11)：1648-1657.

[37] 顾为东,周志莹,邱涛.长三角浅海辐射沙洲风能资源开发与非并网风电产业发展研究[J].资源科学,2009,31(11)：1856-1861.

[38] 鲍超,方创琳.珠江三角洲地区大规模并网与非并网风电产业基地建设[J].资源科学,2008,30(11)：1658-1666.

[39] 张蔷.新疆大规模并网与非并网风电产业发展思路与对策[J].资源科学,2008,30(11)：1677-1683.

[40] 方创琳.中国城市化进程中的风能资源开发与非并网风电产业基地空间布局模式[J].资源科学,2008,30(11)：1602-1611.

[41] 蔺雪芹,方创琳.中国大规模非并网风电与无碳型高耗能氯碱化工产业基地布局研究[J].资源科学,2008,30(11)：1612-1621.

[42] 李铭,刘贵利,孙心亮.中国大规模非并网风电与海水淡化制氢基地的链合布局[J].资源科学,2008,30(11)：1632-1639.

[43] 刘晓丽,黄金川.中国大规模非并网风电基地与高耗能有色冶金产业基地链合布局研究[J].资源科学,2008,30(11)：1622-1631.

[44] 张旭梅,张秀洲. 服务化趋势下的风电设备后市场服务模式与策略研究[J]. 重庆大学学报：社会科学版,2014,20(6)：64-69.

[45] Narayana M. Validation of Wind Resource Assessment Model (WRAM) map of Sri Lanka, using measured data, and evaluation of wind power generation potential in the country[J]. Energy for Sustainable Development,2008,12(1)：64-68.

[46] Berry D. Renewable energy as a natural gas price hedge: the case of wind[J]. Energy Policy,2005, 33(6)：799-807.

[47] Berry D. Innovation and the price of wind energy in the US [J]. Energy Policy,2009, 37(11)：4493-4499

[48] Bolinger M, Wiser R. Wind power price trends in the United States: Struggling to remain competitive in the face of strong growth[J]. Energy Policy,2009, 37(3)：1061-1071.

[49] Ibenholt K. Explaining learning curves for wind power[J]. Energy Policy,2002, 30(13)：1181-1189.

[50] Sáenz de Miera G, del Río González P, Vizcaíno I. Analysing the impact of renewable electricity support schemes on power prices: The case of wind electricity in Spain[J]. Energy Policy,2008,36(9)：3345-3359.

[51] van Kooten G C, Wong L. Economics of wind power when national grids are unreliable[J]. Energy Policy, 2010, 38(4)：1991-1998.

[52] Morthorst P E. Wind power and the conditions at a liberalized power market[J]. Wind Energy, 2003, 6(3)：297-308.

[53] 孙涛,赵海翔,申洪,等. 全国风电场建设投资构成与分析[J]. 中国电力,2003, 36(4)：64-67.

[54] 郑照宁,刘德顺. 中国风电投资成本变化预测[J]. 中国电力,2004, 37(7)：77-80.

[55] 沈又幸,范艳霞.基于动态成本模型的风电成本敏感性分析 [J].电力需求侧管理,2009,11(2):15-17,20.

[56] 何寅昊,赵媛.国外风电定价方式比较及其对我国的建议 [J].能源研究与利用,2008(5):48-50.

[57] 王正明,路正南.风电成本构成与运行价值的技术经济分析 [J].科学管理研究,2009,27(2):51-54.

[58] 王正明,路正南.风电项目投资及其运行的经济性分析[J]. 可再生能源,2008,26(6):21-24.

[59] 王正明,路正南.我国风电上网价格形成机制研究[J].价格 理论与实践,2008(9):54-55.

[60] 崔金栋,鲍峰.我国风电价格形成与产业链关系研究[J].价 格理论与实践,2014(4):108-110.

[61] Golait N, Kulkarni P. Wind electric power in the world and perspectives of its development in India[J]. Renewable and Sustainable Energy Reviews,2009, 13(1):222-236.

[62] Delarue P, Bouscayrol A, Tounzi A, et al. Modelling, control and simulation of an overall wind energy conversion system[J]. Renewable Energy, 2003, 28(8):1169-1185.

[63] Bouscayrol A, Delarue P, Guillaud X. Power strategies for maximum control structure of a wind energy conversion system with a synchronous machine[J]. Renewable Energy, 2005, 30(15):2273-2288.

[64] Lin W M, Hong C M, Cheng F S. Fuzzy neural network output maximization control for sensorless wind energy conversion system[J]. Energy, 2010, 35(2):592-601.

[65] Lanzafame R, Messina M. Power curve control in micro wind turbine design[J]. Energy, 2010, 35(2):556-561.

[66] Ladenburg J. Attitudes towards offshore wind farms:The role of beach visits on attitude and demographic and attitude rela-

tions[J]. Energy Policy, 2010, 38(3): 1297-1304.

[67] Aitken M. Wind power and community benefits: Challenges and opportunities[J]. Energy Policy, 2010, 38(10): 6066-6075.

[68] Aitken M. Why we still don't understand the social aspects of wind power: A critique of key assumptions within the literature[J]. Energy Policy, 2010, 38(4): 1834-1841.

[69] Liu Y, Kokko A. Wind power in China: Policy and development challenges[J]. Energy Policy,2010, 38(10): 5520-5529.

[70] Kunz T H, Arnett E B, Erickson W P,et al. Ecological impacts of wind energy development on bats: questions, research needs, and hypotheses[J]. Frontiers in Ecology and the Environment,2007, 5(6): 315-324.

[71] Kuvlesky W, Morrison M, Boydston K,et al. Wind energy development and wildlife conservation: Challenges and opportunities[J]. Journal of Wildlife Management, 2007, 71(8): 2487-2498.

[72] Kunz T, Cooper B, Erickson W,et al. Assessing impacts of wind-energy development on nocturnally active birds and bats: A guidance document[J]. Journal of Wildlife Management, 2007, 71(8): 2449-2486.

[73] Söderholm P, Ek K, Pettersson M. Wind power development in Sweden: Global policies and local obstacles[J]. Renewable and Sustainable Energy Reviews, 2007, 11(3): 365-400.

[74] Agterbosch S, Vermeulen W. Social barriers in wind power implementation in The Netherlands: Perceptions of wind power entrepreneurs and local civil servants of institutional and social conditions in realizing wind power projects[J].

Renewable and Sustainable Energy Reviews, 2007, 11(6): 1025-1055.

[75] Agterbosch S, Vermeulen W. The relative importance of social and institutional conditions in the planning of wind power projects[J]. Renewable and Sustainable Energy Reviews, 2009, 13(2): 393-405.

[76] Montes G, Martín E. Profitability of wind energy: Short-term risk factors and possible improvements[J]. Renewable and Sustainable Energy Reviews, 2007, 11(9): 2191-2200.

[77] Munksgaard J, Morthorst P E. Wind power in the Danish liberalised power market: Policy measures, price impact and investor incentives[J]. Energy Policy, 2008, 36(10): 3940-3947.

[78] 杜谦,郗小林. 加快我国风电产业发展的对策建议[J]. 中国软科学,2001(10): 9-14.

[79] 康传明,高学敏,芮晓明,等. 我国风电产业发展中存在的问题与解决策略[J]. 中国能源,2006,28(6): 27-30.

[80] Peidong Z, Yanli Y, Jin S, et al. Opportunities and challenges for renewable energy policy in China[J]. Renewable and Sustainable Energy Reviews, 2009, 13(2): 439-449.

[81] Lema A, Ruby K. Between fragmented authoritarianism and policy coordination: Creating a Chinese market for wind energy [J]. Energy Policy, 2007, 35(7): 3879-3890.

[82] Lema A, Ruby K. Towards a policy model for climate change mitigation: China's experience with wind power development and lessons for developing countries[J]. Energy for Sustainable Development, 2006, 10(4): 5-13.

[83] Yang M, Nguyen F, De T'Serclaes P, et al. Wind farm investment risks under uncertain CDM benefit in China[J]. Energy Policy, 2010, 38(3): 1436-1447.

[84] 刘景溪. 关于风力发电现状及开发利用的鼓励政策[J]. 税务研究,2008(8):71-73.

[85] 张伯勇,赵秀生. 中国风电 CDM 项目经济性分析[J]. 可再生能源,2006(2):68-71.

[86] 张文珺,喻炜. 中国风电产业供需环境分析与发展预测[J]. 中国人口·资源与环境,2014,24(7):106-113.

[87] 黄栋,吴宸雨. 我国风电发展的障碍与对策:基于"源创新"理论的分析[J]. 科技管理研究,2014(13):11-15.

[88] 于立宏. 可耗竭资源与经济增长:理论进展[J]. 浙江社会科学,2007(5):179-184.

[89] Hotelling H. The economics of exhaustible resources[J]. Journal of Political Economy,1931, 39(2):137-175.

[90] Meadows D, Meadows D, Randers J. et al. The limits to growth[M]. New York:Universe Books,1972.

[91] Dasgupta P, Heal G. The optimal depletion of exhaustible resources[J]. The Review of Economic Studies, 1974, 41(5):3-28.

[92] Stiglitz J. Growth with exhaustible natural resources: efficient and optimal growth paths[J]. The Review of Economic Studies,1974,41(5):123-137.

[93] Solow R M. Intergenerational equity and exhaustible resources [J]. The Review of Economic Studies, 1974, 41(5):29-45.

[94] Garg P C, Sweeney J L. Optimal growth with depletable resources[J]. Resources and Energy,1978, 1(1):43-56.

[95] 汪丁丁. 资源经济学若干前沿课题[M]//汤敏,茅于轼. 现代经济学前沿专题. 北京:商务印书馆,1993.

[96] Romer P. Increasing returns and long-run growth[J]. The Journal of Political Economy,1986, 94(5):1002-1037.

[97] Arrow K. The economic implications of learning by doing [J]. The Review of Economic Studies, 1962, 29 (3): 155-173.

[98] Lucas R. On the mechanics of economic development[J]. Journal of monetary economics, 1988, 22(1): 3-42.

[99] Romer P. Endogenous technological change[J]. Journal of Political Economy, 1990, 98(5): 71-102.

[100] Grossman G, Helpman E. Innovation and growth in the global economy[M]. Cambridge MA: MIT Press, 1993.

[101] Rasche R, Tatom J. Energy resources and potential GNP [J]. Federal Reserve Bank of St Louis Review, 1977, 59(6):68-76.

[102] Robson A. Costly innovation and natural resources[J]. International Economic Review, 1980, 21(1): 17-30.

[103] Takayama A. Optimal technical progress with exhaustible resources [J]. Exhaustible Resources, Optimality and Trade, 1980: 95-110.

[104] Schou P. A growth model with technological progress and non-renewable resources[M]. Mimeo: University of Copenhagen, 1996.

[105] Scholz C, Ziemes G. Exhaustible resources, monopolistic competition, and endogenous growth[J]. Environmental and Resource Economics, 1999, 13(2): 169-185.

[106] 王海建. 资源环境约束之下的一类内生经济增长模型[J]. 预测, 1999(4): 36-38.

[107] 王海建. 资源约束、环境污染与内生经济增长[J]. 复旦学报:社会科学版, 2000(1): 76-80.

[108] 王海建. 耗竭性资源管理与人力资本积累内生经济增长[J]. 管理工程学报, 2000, 14(3): 11-13.

[109] 王海建.耗竭性资源、R&D与内生经济增长模型[J].系统工程理论方法应用,1999,8(3):38-42.

[110] 彭水军,包群,赖明勇.自然资源耗竭、内生技术进步与经济可持续发展[J].上海经济研究,2005(3):3-13.

[111] 彭水军,包群.资源约束条件下长期经济增长的动力机制——基于内生增长理论模型的研究[J].财经研究,2006,32(6):110-119.

[112] 彭水军.自然资源耗竭与经济可持续增长:基于四部门内生增长模型分析[J].管理工程学报,2007,21(4):119-124.

[113] 于渤,黎永亮,迟春洁.考虑能源耗竭、污染治理的经济持续增长内生模型[J].管理科学学报,2006,9(4):12-17.

[114] Holdren J, Daily G, Ehrlich P. The meaning of sustainability: Biogeophysical aspects[M]//Defining and measuring sustainability. Washington, DC: The Biogeophysical foundations,1995.

[115] Weinberg A, Goeller H. The age of substitutability[J]. Science, 1976, 191(4228):683-689.

[116] Grimaud A, Rouge L. Non-renewable resources and growth with vertical innovations: optimum, equilibrium and economic policies[J]. Journal of Environmental Economics and Management, 2003, 45(2):433-453.

[117] André F J, Cerdá E. On natural resource substitution[J]. Resources Policy, 2005, 30(4):233-246.

[118] Giuseppe D V. Natural resources dynamics: Exhaustible and renewable resources, and the rate of technical substitution[J]. Resources Policy, 2006, 31(3):172-182.

[119] Renshaw E F. Expected welfare gains from peak-load electricity charges[J]. Energy Economics, 1980, 2(1):

37-45.

[120] Gemmell N. Evaluating the Impacts of Human Capital Stocks and Accumulation on Economic Growth: Some New Evidence[J]. Oxford Bulletin of economics and Statistics, 1996, 58(1): 9-28.

[121] Iniyan S, Suganthi L, Samuel A A. Energy models for commercial energy prediction and substitution of renewable energy sources[J]. Energy Policy, 2006, 34(17): 2640-2653.

[122] Sweeney J, Klavers E K. Sustaining Energy Efficiency for a "Greener" World[J]. Hart Energy, 2007, 12(3): 85-106.

[123] Bretschger L, Smulders S. Sustainability and substitution of exhaustible natural resources: How resource prices affect long-term R&D-investments[J]. CER-ETH Economics working paper series, 2004.

[124] Kobos P H, Erickson J D, Drennen T E. Technological learning and renewable energy costs: implications for US renewable energy policy [J]. Energy Policy, 2006, 34(13): 1645-1658.

[125] Simone B, Pulselli R M, Pulselli F M. Models of withdrawing renewable and non-renewable resources based on Odum's energy systems theory and Daly's quasi-sustainability principle [J]. Ecological Modelling, 2009, 220(16): 1926-1930.

[126] 贾小玫,杨永辉.知识资源对自然资源的替代:一个实证分析框架[J].资源科学,2009,31(1):171-176.

[127] 曹玉书,尤卓雅.环境保护、能源替代和经济增长——国内外理论研究综述[J].经济理论与经济管理,2010(6):

30-35.

[128] 赵丽霞,魏巍贤.能源与经济增长模型研究[J].预测,1998,17(6):32-34.

[129] 王世豪.不平衡增长理论的资源配置效率实证分析[J].经济体制改革,2005(1):121-125.

[130] 郑毓盛,李崇高.中国地方分割的效率损失[J].中国社会科学,2003(1):64-72.

[131] 方军雄.市场分割与资源配置效率的损害——来自企业并购的证据[J].财经研究,2009,35(9):36-47.

[132] 李霞.资源配置中"效率与公平"问题论析[J].经济研究导刊,2009(35):26-27.

[133] Page T. Intergenerational justice as opportunity[C]//MacLean D, Brown P G, Energy and the Future. The Identity Problem,1982:38-58.

[134] Pearce D W, Atkinson G D. Capital theory and the measurement of sustainable development: an indicator of "weak" sustainability[J]. Ecological Economics, 1993, 8(2):103-108.

[135] Weiss E B. Intergenerational fairness and rights of future generations[J]. Intergenerational Justice Review, 2002, 1(6):24-35.

[136] 国土资源部规划司.矿产资源规划研究[M].北京:地质出版社,2001.

[137] 胡小平.矿产资源经济区划的理论、方法与实践[J].中国地质矿产经济,1998(7):16-22.

[138] 李忠武,毛欠儒.矿产资源经济区划的理论与方法[J].资源开发与市场,2002,18(5):5-6,64.

[139] 吴巧生,王华.区域矿产资源规划的定位与定向[J].中国人口·资源与环境,2001,11(4):45-47.

［140］成金华,朱蓓.矿产资源规划理论的形成和发展［J］.中国人口·资源与环境,2001,11(4):42-44.

［141］熊曼.区域矿产资源规划系统模型研究［D］.武汉:中国地质大学,2008.

［142］郭凤典,吴巧生,胡远群,等.矿产资源规划体系研究［J］.中国人口·资源与环境,2001,11(4):48-50.

［143］李俊峰.风力12在中国［M］.北京:化学工业出版社,2005.

［144］金菊良,汪淑娟,魏一鸣.动态多指标决策问题的投影寻踪模型［J］.中国管理科学,2004,12(1):64-67.

［145］贾德香,程浩忠.电力市场下的电源规划研究综述［J］.电力系统及其自动化学报,2007,19(5):58-65,118.

［146］康重庆,杨高峰,夏清.电力需求的不确定性分析［J］.电力系统自动化,2005,29(17):14-19,39.

［147］臧宝锋,胡汉辉,庄伟钢.双重随机不确定条件下的一次性容量扩展投资［J］.管理科学学报,2007,10(3):37-43.